개념이
수학의
전부다

개념수다 2
중등 수학 1 (하)

BOOK CONCEPT

술술 읽으며 개념 잡는 수학 EASY 개념서

BOOK GRADE

구성 비율	개념 ▮▮▮▮▮ ▮▮▮▮▮ ▮▮▮▮▮ ░░░░ ░░░░ 문제
개념 수준	간략 ▮▮▮▮▮ ▮▮▮▮▮ ▮▮▮▮▮ ▮▮▮▮▮ 알참 ░░░ 상세
문제 수준	기본 ▒▒▒▒▒ ▒▒▒▒▒ ▒▒▒▒▒ 실전 ░░░ 심화

WRITERS

미래엔콘텐츠연구회
No.1 Content를 개발하는 교육 전문 콘텐츠 연구회

COPYRIGHT

인쇄일 2022년 11월 1일(1판1쇄)
발행일 2022년 11월 1일

펴낸이 신광수
펴낸곳 ㈜미래엔
등록번호 제16-67호

교육개발1실장 하남규
개발책임 주석호
개발 김재현, 김윤지, 박지민, 김지연, 이슬비

콘텐츠서비스실장 김효정
콘텐츠서비스책임 이승연

디자인실장 손현지
디자인책임 김기욱
디자인 권욱훈, 신수정, 유성아

CS본부장 강윤구
CS지원책임 강승훈

ISBN 979-11-6841-403-7

술술 읽으며 개념 잡는

개념 수다

2

중등 수학 1 (하)

이 책의 사용법과 특징

0 ➤➤ **1**

개념, 점검하기

덧셈을 모르고 곱셈을 알 수는 없어요.
이전 개념을 점검하는 것부터 시작하세요!

개념, 이해하기

개념의 원리와 설명을 찬찬히 읽으며
자연스럽게 이해해 보세요. 이해가 어렵다면
개념 영상 강의도 시청해 보세요.
분명 2배의 학습 효과가 있을 거예요.

0 준비해 보자

개념 학습을 시작하기 전에 이전 개념을
재미있게 점검할 수 있습니다.

※ 개념 영상은 4쪽 **②**에 설명되어 있습니다.

1 개념 도입 만화

개념에 대한 흥미와 궁금증을 유발하는
만화입니다.

1 꽉 잡아, 개념!

중요 개념을 따라 쓰면서 배운 내용을
확인할 수 있습니다.

② 개념, 확인&정리하기

개념을 잘 이해했는지 문제를 풀어 보며
부족한 부분을 보완해 보세요. 개념 공부가 끝났으면
개념 전체의 흐름을 한 번에 정리해 보세요.

③ 개념, 끝장내기

이제는 얼마나 잘 이해했는지 테스트를 해 봐야겠죠?
QR코드를 스캔하여 문제의 답을 입력하면 자동으로
채점이 되고, 부족한 개념을 문제로 보충할 수 있어요.
이것까지 완료하면 개념 공부를 끝장낸 거예요.

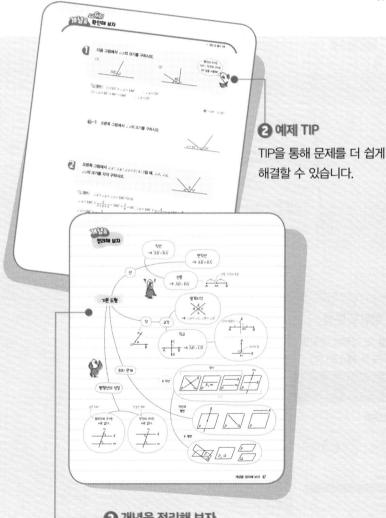

② 예제 TIP
TIP을 통해 문제를 더 쉽게
해결할 수 있습니다.

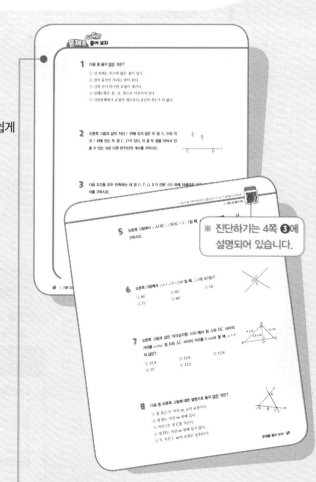

※ 진단하기는 4쪽 ③에
설명되어 있습니다.

② 개념을 정리해 보자
단원에서 배운 개념을 구조화하여 한 번에
정리할 수 있습니다.

③ 문제를 풀어 보자
문제를 풀면서 단원에서 배운 개념을
점검할 수 있습니다.

이 책의 온라인 학습 가이드

① 사전 테스트

교재 표지의
QR코드를 스캔

≫

사전 테스트
이전에 배운 내용에 대한
학습 수준을 파악합니다.

≫

테스트 분석
정답률 및 결과에 따른
안내를 제공합니다.

② 개념 영상

교재 기반의 강의로 개념을 더욱더 잘 이해할 수 있도록
도와 줍니다.

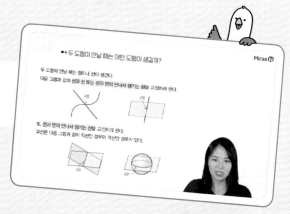

③ 단원 진단하기

전 문항 답 입력하기
모두 입력한 후 [제출하기]를
클릭합니다.

≫

성취도 분석
정답률 및 영역별/문항별
성취도를 제공합니다.

≫

맞춤 클리닉
개개인별로 틀린 문항에 대한
맞춤 클리닉을 제공합니다.

이 책의 차례

I
기본 도형

차례~차례~
가 보자!!

♪~

1
점, 선, 면

#점 #선 #면 #교점

#교선 #직선 #반직선

#선분 #두 점 사이의 거리

#선분의 중점

▶ 정답 및 풀이 2쪽

● 다음은 20년 넘게 낮 시간대 TV 토크쇼 시청률 1위를 고수해 왔던, '오프라 윈프리 쇼'의 진행자 오프라 윈프리(Oprah Gail Winfrey, 1954~)의 명언이다.

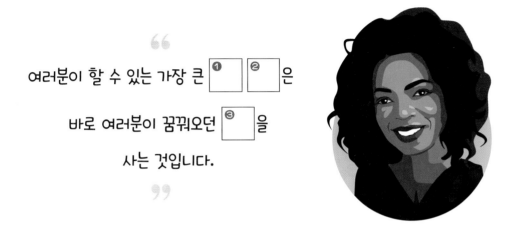

66

여러분이 할 수 있는 가장 큰 ❶⬜ ❷⬜ 은

바로 여러분이 꿈꿔오던 ❸⬜ 을

사는 것입니다.

99

아래 설명이 맞으면 ○, 틀리면 ×에 있는 글자를 골라 명언을 완성해 보자.

	○	×
❶ 두 점을 곧게 이은 선을 직선이라 한다.	여	모
❷ 한 점에서 시작하여 한쪽으로 끝없이 늘인 곧은 선을 반직선이라 한다.	힘	행
❸ 선분은 두 점을 잇는 가장 짧은 선이다.	삶	집

01
점, 선, 면

* QR코드를 스캔하여 개념 영상을 확인하세요.

●● 도형을 이루는 기본 요소는 무엇일까?

점이 움직인 자리는 선이 되고, 선이 움직인 자리는 면이 된다. 즉, 선은 무수히 많은 점으로 이루어져 있고, 면은 무수히 많은 선으로 이루어져 있다.

▶ 선에는 직선과 곡선이
있고, 면에는 평면과 곡
면이 있다.

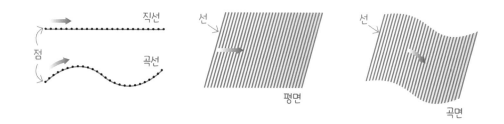

그렇다면 모든 도형은 점, 선, 면으로 이루어져 있을까?

삼각형, 원과 같이 한 평면 위에 있는 평면도형과 각기둥, 원기둥과 같이 한 평면 위에 있지 않은 입체도형은 모두 점, 선, 면으로 이루어져 있다.
따라서 점, 선, 면은 도형을 이루는 기본 요소라 할 수 있다.

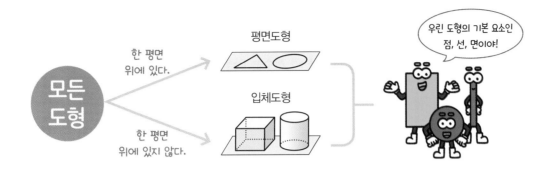

우린 도형의 기본 요소인
점, 선, 면이야!

모든
도형

한 평면
위에 있다.

평면도형

한 평면
위에 있지 않다.

입체도형

❤️ 다음 설명 중 옳은 것은 ○표, 옳지 않은 것은 ✕표를 해 보자.

(1) 점이 움직인 자리는 선, 선이 움직인 자리는 면이 된다.　　　　（　　　）

(2) 사각형, 원은 모두 입체도형이다.　　　　（　　　）

(3) 도형을 이루는 기본 요소는 점, 선, 면이다.　　　　（　　　）

답 (1) ○　(2) ✕　(3) ○

●● 두 도형이 만날 때는 어떤 도형이 생길까?

두 도형이 만날 때는 점이나 선이 생긴다.

다음 그림과 같이 **선과 선** 또는 **선과 면**이 만나서 생기는 점을 **교점**이라 한다.

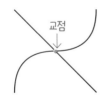

교점

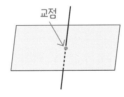

교점

교점, 교선에서
교(交)는 '만난다.'는
뜻이야.

또, **면과 면**이 만나서 생기는 선을 **교선**이라 한다.

교선은 다음 그림과 같이 직선인 경우와 곡선인 경우가 있다.

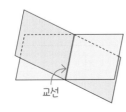

교선

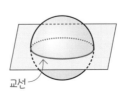

교선

예를 들어 평면도형에서 변의 교점은 꼭짓점이고, 입체도형에서 모서리의 교점은 꼭짓점, 면의 교선은 모서리이므로 교점과 교선의 개수는 다음과 같이 구할 수 있다.

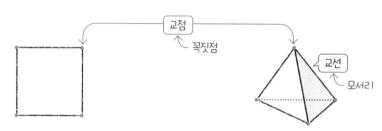

평면도형인 경우	입체도형인 경우
(교점의 개수) = (꼭짓점의 개수)	(교점의 개수) = (꼭짓점의 개수) (교선의 개수) = (모서리의 개수)

평면도형에는 교선이 없어~.

💙 오른쪽 그림과 같은 직육면체에서 다음을 구해 보자.

(1) 모서리 AB와 모서리 BC의 교점
(2) 면 ABCD와 면 CGHD의 교선

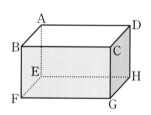

답 (1) 점 B   (2) 모서리 CD

회색 글씨를 따라 쓰면서 개념을 정리해 보자!

꽉 잡아, 개념!

(1) **도형의 기본 요소:** 점 , 선 , 면

(2) **평면도형과 입체도형**

　① 평면도형: 한 평면 위에 있는 도형

　② 입체도형: 한 평면 위에 있지 않은 도형

(3) **교점과 교선**

　① 교점: 선과 선 또는 선과 면 이 만나서 생기는 점

　② 교선: 면과 면 이 만나서 생기는 선

▶ 정답 및 풀이 2쪽

1 오른쪽 그림과 같은 입체도형에서 교점의 개수를 a개, 교선의 개수를 b개라 할 때, $a+b$의 값을 구하시오.

(교점의 개수)＝(꼭짓점의 개수),
(교선의 개수)＝(모서리의 개수)
임을 이용해!

 풀이 교점의 개수는 꼭짓점의 개수와 같고 꼭짓점이 6개이므로

$a=6$

교선의 개수는 모서리의 개수와 같고 모서리가 9개이므로

$b=9$

$\therefore a+b=6+9=15$

답 15

1-1 다음 그림과 같은 도형에서 교점과 교선의 개수를 각각 구하시오.

(1)

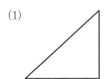

(2)

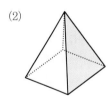

1-2 오른쪽 그림과 같은 입체도형에서 교점의 개수를 a개, 교선의 개수를 b개, 면의 개수를 c개라 할 때, $a-b+c$의 값을 구하시오.

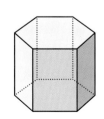

O2
직선, 반직선, 선분

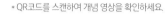 * QR코드를 스캔하여 개념 영상을 확인하세요.

●● 직선은 언제 하나로 정해질까?

한 점 A를 지나는 직선은 무수히 많지만 서로 다른 두 점 A, B를 지나는 직선은 오직 하나뿐이다.

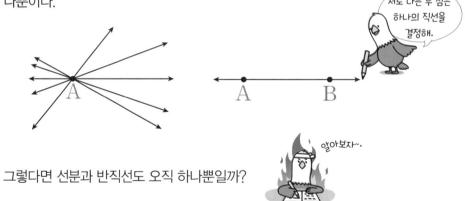

그렇다면 선분과 반직선도 오직 하나뿐일까?

서로 다른 두 점 A, B를 잇는 선분은 하나뿐이지만 반직선은 시작점과 방향에 따라 2개가 된다.

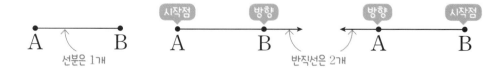

●●직선, 반직선, 선분은 기호로 어떻게 나타낼까?

서로 다른 두 점 A, B를 지나는 직선 AB를 기호로 다음과 같이 나타낸다.

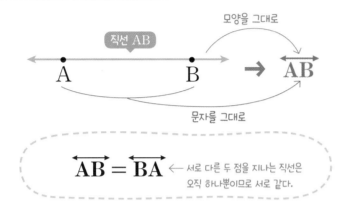

$$\overleftrightarrow{AB} = \overleftrightarrow{BA}$$ ← 서로 다른 두 점을 지나는 직선은 오직 하나뿐이므로 서로 같다.

직선 AB 위의 점 A에서 시작하여 점 B의 방향으로 한없이 뻗은 반직선 AB를 기호로 다음과 같이 나타낸다.

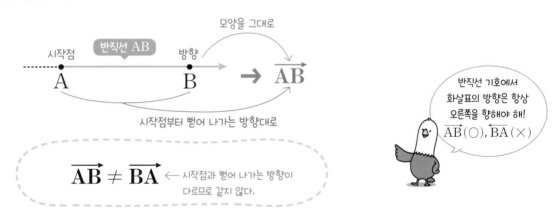

$$\overrightarrow{AB} \neq \overrightarrow{BA}$$ ← 시작점과 뻗어 나가는 방향이 다르므로 같지 않다.

직선 AB 위의 점 A에서 점 B까지의 부분인 선분 AB를 기호로 다음과 같이 나타낸다.

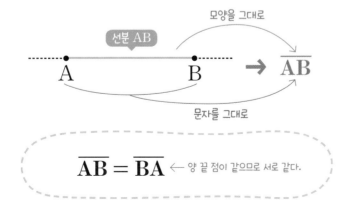

$$\overline{AB} = \overline{BA}$$ ← 양 끝 점이 같으므로 서로 같다.

두 반직선이 서로 같으려면 시작점과 뻗어 나가는 방향이 모두 같아야 한다.

① $\overrightarrow{AB} \neq \overrightarrow{BC}$

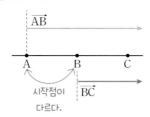

② $\overrightarrow{BA} \neq \overrightarrow{BC}$

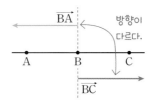

③ $\overrightarrow{AB} \neq \overrightarrow{BA}$

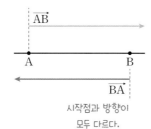

④ $\overrightarrow{AB} = \overrightarrow{AC}$

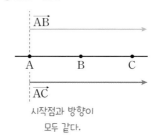

❤️ **다음 도형을 기호로 나타내 보자.**

(1) ·──•────────•──→
      P   Q

(2) ←──•────────•──
      P   Q

(3) ·──•────────•──·
      P   Q

(4) ←──•────────•──·
      P   Q

답 (1) $\overrightarrow{PQ}$ (2) $\overleftrightarrow{PQ}$ (3) $\overline{PQ}$ (4) $\overrightarrow{QP}$

회색 글씨를 따라 쓰면서 개념을 정리해 보자!

꽉잡아, 개념!

(1) **직선의 결정 조건**

   한 점을 지나는 직선은 무수히 많지만 서로 다른 두 점을 지나는 직선은 오직

   하나뿐 이다.

(2) **직선, 반직선, 선분**

이름	그림	기호	
직선 AB	•——• A B	$\overleftrightarrow{AB}$	$\overleftrightarrow{AB} = \overleftrightarrow{BA}$
반직선 AB	•——• A B	$\overrightarrow{AB}$	$\overrightarrow{AB} \neq \overrightarrow{BA}$
선분 AB	•——• A B	$\overline{AB}$	$\overline{AB} = \overline{BA}$

▶ 정답 및 풀이 2쪽

1 오른쪽 그림과 같이 직선 l 위에 세 점 A, B, C가 있을 때, 다음 중 $\overrightarrow{AB}$와 같은 것은?

① $\overleftrightarrow{AB}$ ② $\overline{AB}$ ③ $\overrightarrow{AC}$
④ $\overrightarrow{BA}$ ⑤ $\overrightarrow{CA}$

✎ 풀이   ③ $\overrightarrow{AB}$와 $\overrightarrow{AC}$는 시작점과 뻗어 나가는 방향이 모두 같으므로 같은 반직선이다.

답 ③

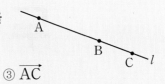

1-1 오른쪽 그림과 같이 직선 l 위에 네 점 A, B, C, D 가 있을 때, 다음 보기 중 옳은 것을 모두 고르시오.

┤ 보기 ├
ㄱ. $\overrightarrow{AB}=\overrightarrow{CD}$ ㄴ. $\overrightarrow{AC}=\overrightarrow{CA}$ ㄷ. $\overrightarrow{AB}=\overrightarrow{AC}$ ㄹ. $\overrightarrow{AB}=\overrightarrow{AD}$

2 오른쪽 그림과 같이 한 직선 위에 있지 않은 세 점 A, B, C가 있다. 이 중 두 점을 지나는 서로 다른 직선의 개수를 a개, 반직선의 개수를 b개라 할 때, $a+b$의 값을 구하시오.

✎ 풀이   두 점을 지나는 직선은 $\overleftrightarrow{AB}$, $\overleftrightarrow{AC}$, $\overleftrightarrow{BC}$의 3개이므로 $a=3$
두 점을 지나는 반직선은 $\overrightarrow{AB}$, $\overrightarrow{BA}$, $\overrightarrow{AC}$, $\overrightarrow{CA}$, $\overrightarrow{BC}$, $\overrightarrow{CB}$의 6개이므로 $b=6$
∴ $a+b=3+6=9$

답 9

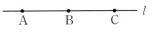

2-1 오른쪽 그림과 같이 직선 l 위에 세 점 A, B, C가 있다. 두 점을 이어서 만들 수 있는 서로 다른 직선의 개수를 a개, 반직선의 개수를 b개라 할 때, $b-a$의 값을 구하시오.

O3 두 점 사이의 거리

* QR코드를 스캔하여 개념 영상을 확인하세요.

●●두 점 사이의 거리란 무엇일까?

실생활에서의 거리는 이동 경로의 길이를 뜻하지만 수학에서의 거리는 '두 지점을 가장 짧게 연결한 선분의 길이'를 의미한다.

오른쪽 그림과 같이 두 점 A, B를 잇는 선은 무수히 많지만 그중에서 길이가 가장 짧은 것은 선분 AB이다.
이때 선분 AB의 길이를

두 점 A, B 사이의 거리

라 한다.

그럼 두 점 A, B 사이의 거리도 기호로 나타낼 수 있을까?

앞에서 배운 기호 $\overline{AB}$는 선분 AB를 나타내기도 하고, 선분 AB의 길이를 나타내기도 한다. 다시 말해 선분 AB의 길이, 즉 두 점 A, B 사이의 거리는 기호로 $\overline{AB}$와 같이 나타낸다.

예를 들어 선분 AB의 길이가 5 cm일 때, 다음과 같이 나타낼 수 있다.

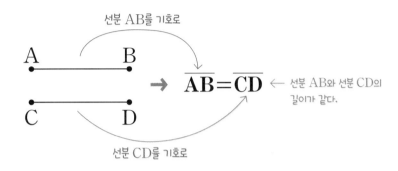

$$\overline{AB} = 5 \text{ cm}$$ ← 선분 AB의 길이는 5 cm이다.

선분 AB를 기호로

또, 서로 다른 선분 AB와 선분 CD의 길이가 같을 때, 다음과 같이 나타낼 수 있다.

선분 AB를 기호로

$$\overline{AB} = \overline{CD}$$ ← 선분 AB와 선분 CD의 길이가 같다.

선분 CD를 기호로

오른쪽 그림에서 다음을 구해 보자.

(1) 두 점 A, B 사이의 거리
(2) 두 점 B, C 사이의 거리

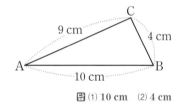

답 (1) **10 cm** (2) **4 cm**

●● 선분의 중점이란 무엇일까?

다음 그림과 같이 선분 AB 위의 점 M에 대하여 $\overline{AM} = \overline{MB}$일 때, 점 M을 선분 AB의 **중점**이라 한다.

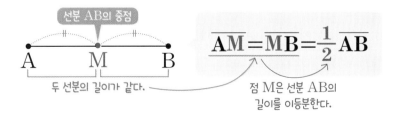

선분 AB의 중점

$$\overline{AM} = \overline{MB} = \frac{1}{2}\overline{AB}$$

두 선분의 길이가 같다.

점 M은 선분 AB의 길이를 이등분한다.

▶ 중점은 선분 위의 점이므로 직선이나 반직선의 중점이란 말은 사용하지 않는다.

마찬가지로 선분 AB를 삼등분하는 두 점 M, N에 대하여 다음이 성립한다.

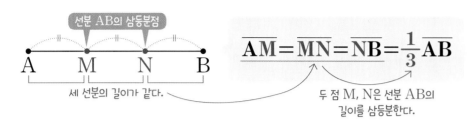

$$\overline{AM}=\overline{MN}=\overline{NB}=\frac{1}{3}\overline{AB}$$

선분 AB의 삼등분점

세 선분의 길이가 같다.

두 점 M, N은 선분 AB의 길이를 삼등분한다.

오른쪽 그림에서 점 M이 선분 AB의 중점이고 $\overline{AM}=8$ cm일 때, 다음 □ 안에 알맞은 수를 써넣어 보자.

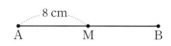

(1) $\overline{MB}=\square$ cm

(2) $\overline{AM}=\overline{MB}=\square\ \overline{AB}$

(3) $\overline{AB}=\square\ \overline{AM}=\square$ cm

답 (1) 8 (2) $\frac{1}{2}$ (3) 2, 16

회색 글씨를 따라 쓰면서 개념을 정리해 보자!

꽉 잡아, 개념!

(1) 두 점 A, B 사이의 거리

두 점 A, B를 잇는 무수히 많은 선 중 길이가 가장 짧은 선, 즉 | 선분 AB의 길이 |

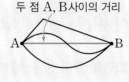

두 점 A, B사이의 거리

참고 ① 선분 AB의 길이가 2 cm일 때, $\overline{AB}=2$ cm와 같이 나타낸다.
② 선분 AB와 선분 CD의 길이가 같을 때, $\overline{AB}=\overline{CD}$와 같이 나타낸다.

(2) 선분 AB의 중점

선분 AB 위의 점 M에 대하여 $\overline{AM}=\overline{MB}$일 때, 점 M을 선분 AB의 | 중점 |이라 한다.

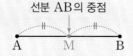

선분 AB의 중점

➡ $\overline{AM}=\overline{MB}=\frac{1}{2}\overline{AB}$

▶ 정답 및 풀이 2쪽

1 오른쪽 그림에서 점 M은 $\overline{AB}$의 중점이고, 점 N은 $\overline{AM}$의 중점이다. $\overline{AB}=24$ cm일 때, 다음을 구하시오.

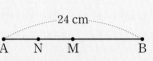

(1) $\overline{NM}$의 길이   (2) $\overline{NB}$의 길이

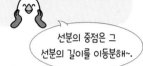

선분의 중점은 그 선분의 길이를 이등분해~.

✏️ **풀이** (1) $\overline{AM}=\overline{MB}=\dfrac{1}{2}\overline{AB}=\dfrac{1}{2}\times24=12(cm)$

$\therefore \overline{NM}=\overline{AN}=\dfrac{1}{2}\overline{AM}=\dfrac{1}{2}\times12=6(cm)$

(2) $\overline{NB}=\overline{NM}+\overline{MB}=6+12=18(cm)$

🔲 (1) 6 cm (2) 18 cm

1-1 오른쪽 그림에서 두 점 M, N이 $\overline{AB}$를 삼등분하는 점일 때, 다음 ☐ 안에 알맞은 수를 써넣으시오.

(1) $\overline{AB}=\square\,\overline{AM}$ (2) $\overline{AN}=\square\,\overline{NB}=\square\,\overline{AB}$

1-2 오른쪽 그림에서 두 점 M, N은 각각 $\overline{AB}$, $\overline{BC}$의 중점이다. $\overline{MN}=7$ cm일 때, $\overline{AC}$의 길이를 구하시오.

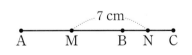

GO!!
시작해 보자~

2
각

#∠AOB #평각

#교각 #맞꼭지각

#직교 #수선 #수직이등분선

#수선의 발

 **준비** 해 보자

▶ 정답 및 풀이 2쪽

● 별자리는 하늘의 별들을 몇 개씩 이어서 그 모양에 따라 이름을
붙여 놓은 것으로 저마다의 이야기를 담고 있다.

다음은 봄철 저녁 9시경 남쪽 하늘에서 볼 수 있는 '천칭자리'로
정의의 여신이 인간의 죄를 저울질해 운명을 결정할 때 사용한
저울이 하늘의 별자리가 되었다고 한다.

천칭자리에서 직각, 예각, 둔각을 각각 찾아 알맞은 색으로 표시해 보자.

직각　　　　　예각　　　　　둔각

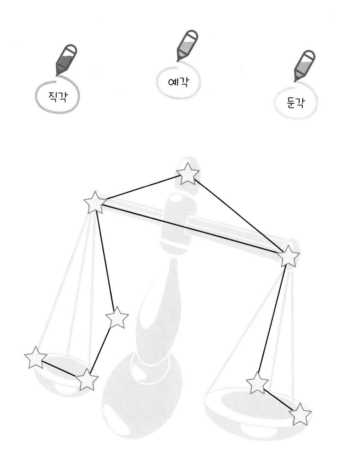

04

각

개념 영상

* QR코드를 스캔하여 개념 영상을 확인하세요.

●● 각을 기호로 어떻게 나타낼까?

한 점 O에서 시작하는 두 반직선 OA와 OB로 이루어진 도형을 각 AOB라 하고, 이것을
기호로 다음과 같이 나타낸다.

모양을 그대로

각의 꼭짓점

각의 변

O a B

→ ∠AOB

∠AOB를 ∠BOA
또는 ∠O 또는 ∠a로
나타내기도 해!

각의 꼭짓점을 항상
가운데 써야 한다.

또, ∠AOB에서 꼭짓점 O를 중심으로 변 OB가 변 OA까지
회전한 양을

$$∠AOB의 \ 크기$$

라 한다.

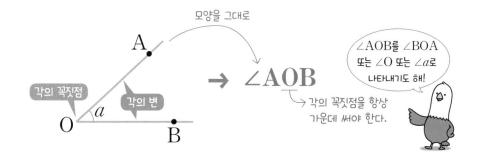

각의 크기

이때 기호 ∠AOB는 각 AOB를 나타내기도 하고, 각 AOB의 크기를 나타내기도 한다.
예를 들어 ∠AOB의 크기가 30°일 때, 다음과 같이 나타낼 수 있다.

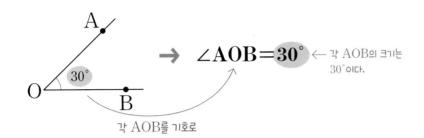

∠AOB=30° ← 각 AOB의 크기는
30°이다.

각 AOB를 기호로

▶ ∠*a*와 ∠*b*의 크기가
같을 때,
    ∠*a*=∠*b*
와 같이 나타낸다.

참고 오른쪽 그림에서 두 반직선 OA와 OB로 이루어진 각은 2개인데,
∠AOB는 보통 크기가 작은 쪽의 각인 ∠*a*를 나타낸다.

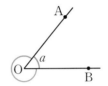

오른쪽 그림에서 ∠*x*, ∠*y*를 세 점 A, B, C를 사용하여 기호
로 나타내 보자.

(1) ∠*x*= [   ]

(2) ∠*y*= [   ]

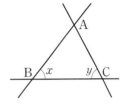

답 (1) ∠ABC (또는 ∠CBA) (2) ∠ACB (또는 ∠BCA)

●● 각을 크기에 따라 어떻게 분류할까?

∠AOB에서 두 변 OA와 OB가 점 O를 중심으로 서로 반
대쪽에 있으면서 한 직선을 이룰 때, ∠AOB를 **평각**이라
한다.
이때 **평각의 크기는 180°이다.**

평각

이제 각을 크기에 따라 다음과 같이 분류할 수 있다.

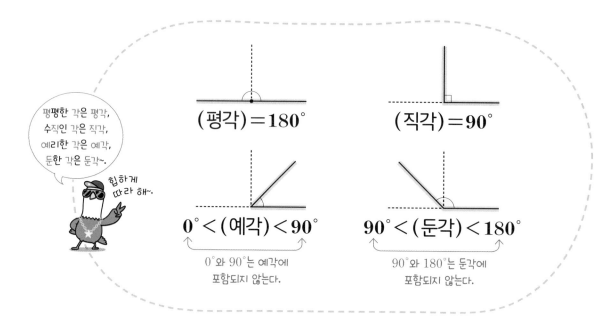

 오른쪽 그림을 보고 다음 각을 평각, 직각, 예각, 둔각으로
분류해 보자.

(1) ∠AOD   (2) ∠AOE

(3) ∠COE   (4) ∠DOE

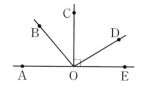

📋 (1) 둔각 (2) 평각 (3) 직각 (4) 예각

꼭 잡아, 개념!

(1) 각

① 각 AOB: 한 점 O에서 시작하는 두 반직선 OA와
OB로 이루어진 도형

➡ ∠AOB, $\boxed{∠BOA}$, ∠O, $\boxed{∠a}$

② 각 AOB의 크기: ∠AOB에서 꼭짓점 O를 중심
으로 변 OB가 변 OA까지 회전한 양

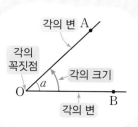

(2) 각의 크기에 따른 분류

$0° < (예각) < (직각) = 90° < (둔각) < \boxed{평각} = 180°$

▶ 정답 및 풀이 3쪽

1 다음 그림에서 $\angle x$의 크기를 구하시오.

평각의 크기는 180°, 직각의 크기는 90°임을 이용해!

(1)

$110°$ x

(2)

$65°$ x

🖊 **풀이** (1) $110° + \angle x = 180°$ ∴ $\angle x = 70°$

(2) $\angle x + 65° + 90° = 180°$ ∴ $\angle x = 25°$

🔲 (1) $70°$ (2) $25°$

1-1 오른쪽 그림에서 $\angle x$의 크기를 구하시오.

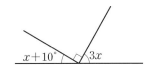

$x + 10°$ $3x$

2 오른쪽 그림에서 $\angle x : \angle y : \angle z = 2 : 4 : 3$일 때, $\angle x$, $\angle y$, $\angle z$의 크기를 각각 구하시오.

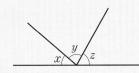

y
x z

🖊 **풀이** $\angle x + \angle y + \angle z = 180°$이므로

$\angle x = 180° \times \dfrac{2}{2+4+3} = 180° \times \dfrac{2}{9} = 40°$, $\angle y = 180° \times \dfrac{4}{2+4+3} = 180° \times \dfrac{4}{9} = 80°$

$\angle z = 180° \times \dfrac{3}{2+4+3} = 180° \times \dfrac{3}{9} = 60°$

🔲 $\angle x = 40°$, $\angle y = 80°$, $\angle z = 60°$

2-1 오른쪽 그림에서 $\angle x : \angle y : \angle z = 5 : 2 : 3$일 때, $\angle z$의 크기를 구하시오.

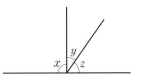

y
x z

05
맞꼭지각

* QR코드를 스캔하여 개념 영상을 확인하세요.

●● 맞꼭지각이란 무엇일까?

다음 그림과 같이 두 직선이 한 점에서 만날 때 생기는 네 각을 두 직선의 **교각**이라 한다. 이 교각 중 서로 마주 보는 각을 **맞꼭지각**이라 한다.

교각에서 교(交)는 '만난다.'는 뜻이야.

교각
두 직선이 한 점에서 만날 때 생기는 네 각
→ $\angle a$, $\angle b$, $\angle c$, $\angle d$

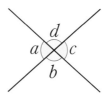

맞꼭지각
교각 중 서로 마주 보는 각
→ $\angle a$와 $\angle c$,
  $\angle b$와 $\angle d$

→ $\angle b$의 맞꼭지각: $\angle d$,
  $\angle d$의 맞꼭지각: $\angle b$

그렇다면 마주 보는 각은 항상 맞꼭지각일까?

노놉!!

오른쪽 그림은 두 직선이 한 점에서 만나서 생기는 각이 아니므로 맞꼭지각이 아니다.

오른쪽 그림과 같이 세 직선이 한 점 O에서 만날 때,
다음 각의 맞꼭지각을 구해 보자.

(1) ∠AOB   (2) ∠AOF

(3) ∠BOF   (4) ∠DOF

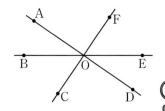

맞꼭지각은 각을 이루는 두 반직선의 연장선을 따라가면 쉽게 찾을 수 있어.

답 (1) ∠DOE (2) ∠DOC (3) ∠EOC (4) ∠AOC

●●맞꼭지각은 어떤 성질이 있을까?

이제 맞꼭지각의 크기가 서로 같음을 확인해 보자.

평각의 크기는 180°야.

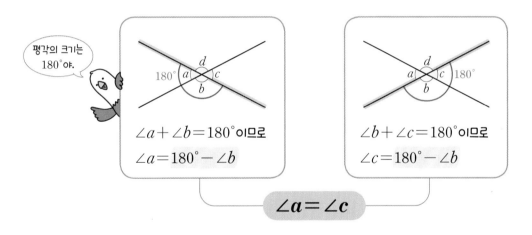

$\angle a + \angle b = 180°$이므로
$\angle a = 180° - \angle b$

$\angle b + \angle c = 180°$이므로
$\angle c = 180° - \angle b$

$\angle a = \angle c$

마찬가지 방법으로 $\angle b = \angle d$임을 확인해 보자.

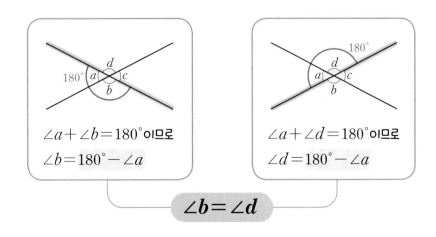

$\angle a + \angle b = 180°$이므로
$\angle b = 180° - \angle a$

$\angle a + \angle d = 180°$이므로
$\angle d = 180° - \angle a$

$\angle b = \angle d$

따라서 맞꼭지각은 다음과 같은 성질이 있다.

맞꼭지각의 크기는 서로 같다.
→ $\angle a = \angle c$, $\angle b = \angle d$

한 각의 크기를 알면
그 각의 이웃한 각과 맞꼭지각의
크기를 알 수 있어.

❤️ 다음 그림에서 $\angle a$, $\angle b$의 크기를 각각 구해 보자.

(1)
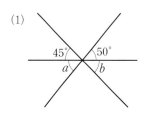
$45°$ $50°$
a b

(2)
$60°$ $105°$
a b

답 (1) $\angle a = 50°$, $\angle b = 45°$ (2) $\angle a = 105°$, $\angle b = 60°$

회색 글씨를
따라 쓰면서
개념을 정리해 보자!

꽉 잡아, 개념!

(1) **교각**: 두 직선이 한 점에서 만날 때 생기는 네 각
   → $\angle a$, $\angle b$, $\angle c$, $\angle d$

(2) **맞꼭지각**: 교각 중 서로 마주 보는 각
   → $\angle a$와 $\boxed{\angle c}$, $\angle b$와 $\boxed{\angle d}$

(3) **맞꼭지각의 성질**: 맞꼭지각의 크기는 서로 $\boxed{같다}$.
   → $\angle a = \angle c$, $\angle b = \angle d$

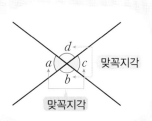

맞꼭지각

맞꼭지각

1 다음 그림에서 $\angle x$의 크기를 구하시오.

(1)
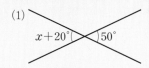

(2)
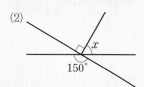

✏️ **풀이**   (1) $\angle x + 20° = 50°$ (맞꼭지각)

∴ $\angle x = 30°$

(2) $90° + \angle x = 150°$ (맞꼭지각)

∴ $\angle x = 60°$

맞꼭지각의 크기는
서로 같음을 이용해.

답 (1) $30°$ (2) $60°$

1-1 다음 그림에서 $\angle x$의 크기를 구하시오.

(1)
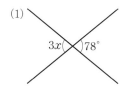

(2)
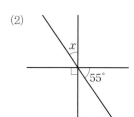

1-2 다음 그림에서 $\angle x$, $\angle y$의 크기를 각각 구하시오.

(1)
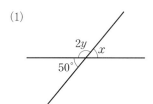

(2)
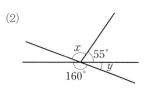

06
수직과 수선

* QR코드를 스캔하여 개념 영상을 확인하세요.

●● 두 직선이 수직으로 만나는 경우를 알아볼까?

두 직선 AB와 CD의 교각이 직각일 때 두 직선은 **직교**한다고 하며, 이것을 기호로

$$\overleftrightarrow{AB} \perp \overleftrightarrow{CD}$$

와 같이 나타낸다.

▶ 두 선분 AB와 CD가 직교할 때,
$$\overline{AB} \perp \overline{CD}$$
와 같이 나타낸다.

이때 직교하는 두 직선 AB와 CD는 서로 수직이고, 한 직선을 다른 직선의 수선이라 한다.

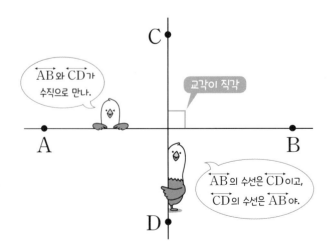

또, 선분 AB의 중점 M을 지나고 선분 AB에 수직인 직선 l을

선분 AB의 수직이등분선

이라 한다.

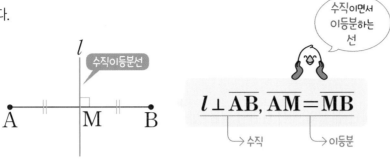

$$l \perp \overline{AB}, \overline{AM} = \overline{MB}$$

→ 수직   → 이등분

오른쪽 그림에서 ∠AOC=90°, $\overline{AO} = \overline{BO}$일 때, 다음 □ 안에 알맞은 것을 써넣어 보자.

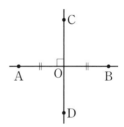

(1) $\overleftrightarrow{AB}$ □ $\overleftrightarrow{CD}$

(2) $\overleftrightarrow{CD}$는 $\overleftrightarrow{AB}$의 □이다.

(3) $\overleftrightarrow{AB} \perp \overleftrightarrow{CD}$, $\overline{AO} = \overline{BO}$이므로 $\overleftrightarrow{CD}$는 $\overleftrightarrow{AB}$의 □이다.

답 (1) ⊥   (2) 수선   (3) 수직이등분선

●● 점과 직선 사이의 거리는 어떻게 구할까?

오른쪽 그림과 같이 직선 l 위에 있지 않은 점 P에서
직선 l에 수선을 그어 생기는 교점을 H라 할 때, 이 점
H를

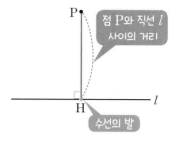

점 P에서 직선 l에 내린 수선의 발

이라 한다.

점과 직선 사이의
거리는 점에서 직선에
내린 수선의 발까지의
거리야!

이때 선분 PH는 점 P와 직선 l 위의 점을 잇는 선분 중 길이가 가장 짧다.
이 선분 PH의 길이를 점 P와 직선 l 사이의 거리라 한다.

점 P와 직선 l 사이의 거리 → $\overline{PH}$의 길이

 오른쪽 그림에서 다음을 구해 보자.

(1) 점 P에서 직선 l에 내린 수선의 발
(2) 점 P와 직선 l 사이의 거리를 나타내는 선분

답 (1) 점 C (2) $\overline{PC}$

회색 글씨를
따라 쓰면서
개념을 정리해 보자!

꽉 잡아, 개념!

(1) **직교**: 두 직선 AB와 CD의 교각이 [직각] 일 때 두 직선은
직교한다고 한다.

→ $\overleftrightarrow{AB} \perp \overleftrightarrow{CD}$

참고 두 직선이 직교할 때 두 직선은 서로 수직이고, 한 직선을 다른
직선의 수선이라 한다.

(2) **수직이등분선**: 선분 AB의 중점 M을 지나고 선분 AB에
수직인 직선 l

→ $l \perp \overline{AB}$, $\overline{AM} =$ [$\overline{MB}$]

(3) **수선의 발**: 직선 l 위에 있지 않은 점 P에서 직선 l에 그은
수선과 직선 l의 교점 H

(4) **점과 직선 사이의 거리**: 직선 l 위에 있지 않은 점 P에서 직
선 l에 내린 수선의 발 H까지의 거리

→ [$\overline{PH}$] 의 길이

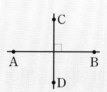

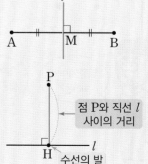

점 P와 직선 l
사이의 거리

수선의 발

1 오른쪽 그림과 같은 사다리꼴 ABCD에서 다음을 구하시오.

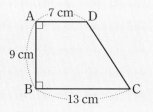

수선의 발은 한 점에서 직선에 그은 수선과 그 직선의 교점이야.

(1) $\overline{\text{AD}}$와 직교하는 변

(2) 점 A에서 $\overline{\text{BC}}$에 내린 수선의 발

(3) 점 A와 $\overline{\text{BC}}$ 사이의 거리

풀이 (3) 점 A와 $\overline{\text{BC}}$ 사이의 거리는 $\overline{\text{AB}}$의 길이이므로 9 cm이다.

답 (1) $\overline{\text{AB}}$ (2) 점 B (3) 9 cm

1-1 오른쪽 그림에서 $\angle\text{AHC}=90°$이고 $\overline{\text{AH}}=\overline{\text{BH}}$일 때, 다음 중 옳지 <u>않은</u> 것은?

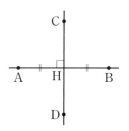

① $\overline{\text{AB}}$와 $\overline{\text{CD}}$는 직교한다.

② 직선 AB는 직선 CD의 수선이다.

③ 직선 CD는 선분 AB의 수직이등분선이다.

④ 점 A에서 직선 CD에 내린 수선의 발은 점 B이다.

⑤ 점 C와 직선 AB 사이의 거리는 $\overline{\text{CH}}$의 길이이다.

1-2 오른쪽 그림에서 점 C와 $\overline{\text{AB}}$ 사이의 거리를 x cm, 점 D와 $\overline{\text{BC}}$ 사이의 거리를 y cm라 할 때, $x+y$의 값을 구하시오.

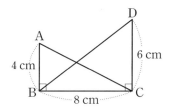

GO!!
시작해 보자~

3
위치 관계

#점 #직선 #평면

#만난다 #만나지 않는다

#일치한다 #$l \parallel m$

#꼬인 위치 #$l \perp P$

해 보자

▶ 정답 및 풀이 3쪽

● 탄생석은 태어난 달을 상징하는 보석으로 탄생석을 몸에 지니면 행운이 따른다고 한다.

오른쪽 그림과 같은 직육면체를 보고 ☐ 안에 알맞은 수를 구해
각 달의 탄생석의 의미를 알아보자.

5월 에메랄드	❶ 면 ㄷㅅㅇㄹ과 수직인 면은 모두 ☐ 개이다.	

2월 자수정	❷ 면 ㄱㄴㄷㄹ과 평행한 면은 모두 ☐ 개이다.	

9월 사파이어	❸ 꼭짓점 ㅂ에서 만나는 면은 모두 ☐ 개이다.	

1
평화, 성실

2
성공, 승리

3
진리, 불변

4
행복, 행운

07
평면에서 두 직선의 위치 관계

* QR코드를 스캔하여 개념 영상을 확인하세요.

●●정과 직선, 점과 평면 사이에는 어떤 위치 관계가 있을까?

수학에서 '점이 직선 위에 있다.'는 것은 '직선이 점을 지난다.'는 것과 같다.

삼각형에서 점과 직선의 위치 관계를 알아보자.

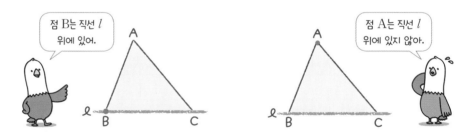

점과 직선의 위치 관계는 다음 두 가지 경우가 있다.

점 A는 직선 l 위에 있다.
↳ 직선 l은 점 A를 지난다.

점 B는 직선 l 위에 있지 않다.
↳ 직선 l은 점 B를 지나지 않는다.

오른쪽 그림에서 다음을 구해 보자.

(1) 직선 l 위에 있는 점
(2) 직선 l 위에 있지 않은 점

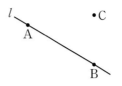

답 (1) 점 A, 점 B   (2) 점 C

이제 직육면체에서 점과 평면의 위치 관계를 알아보자.

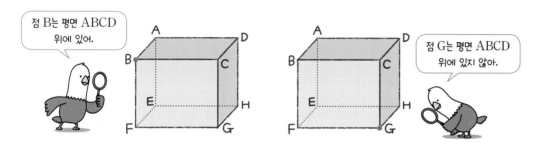

점 B는 평면 ABCD 위에 있어.

점 G는 평면 ABCD 위에 있지 않아.

점과 평면의 위치 관계는 다음 두 가지 경우가 있다.

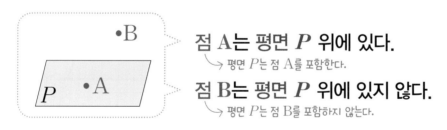

점 A는 평면 P 위에 있다.
↳ 평면 P는 점 A를 포함한다.

점 B는 평면 P 위에 있지 않다.
↳ 평면 P는 점 B를 포함하지 않는다.

▶ 보통 평면은 P, Q, R, …와 같이 나타내고, 그림으로 나타낼 때는 평행사변형으로 그린다.

이와 같이 점과 직선, 점과 평면의 위치 관계는 점이 직선 또는 평면 위에 있는지, 위에 있지 않은지를 기준으로 파악한다.

 오른쪽 그림에서 다음을 구해 보자.

(1) 평면 P 위에 있는 점
(2) 평면 P 위에 있지 않은 점

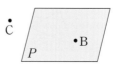

답 (1) 점 B   (2) 점 A, 점 C

●●평면에서 두 직선 사이에는 어떤 위치 관계가 있을까?

한 평면 위에서 두 직선은 만날 때와 만나지 않을 때가 있다.

사다리꼴에서 서로 다른 두 직선의 위치 관계를 알아보자.

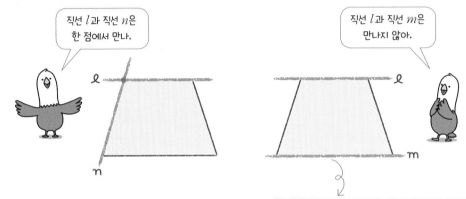

직선 l과 직선 n은 한 점에서 만나.

직선 l과 직선 m은 만나지 않아.

특히, 위의 두 번째 경우와 같이 한 평면 위에 있는 **두 직선 l, m이 만나지 않을 때, 두 직선 l, m은 서로 평행**하다고 하고, 이것을 기호로

$$l \,/\!/\, m$$

과 같이 나타낸다. 이때 서로 평행한 두 직선을 **평행선**이라 한다.

평면에서 두 직선의 위치 관계는 다음 세 가지 경우가 있다.

▶ 일치하는 두 직선은 한 직선으로 생각한다.

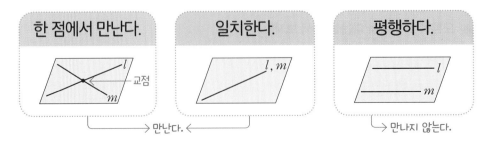

오른쪽 그림과 같은 직사각형 ABCD에서 다음을 구해
보자.

(1) 변 AB와 한 점에서 만나는 변
(2) 변 AD와 평행한 변

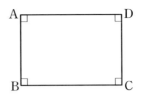

답 (1) 변 AD, 변 BC (2) 변 BC

꽉 잡아, 개념!

(1) **점과 직선의 위치 관계**

① 점이 직선 위에 │있다│.

② 점이 직선 위에 │있지 않다│.

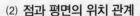

(2) **점과 평면의 위치 관계**

① 점이 평면 위에 │있다│.

② 점이 평면 위에 │있지 않다│.

(3) **두 직선의 평행**: 한 평면 위에 있는 두 직선 l, m이 만나지 않을 때, 두 직선 l, m은 서
로 │평행│하다고 한다.

➡ l │ // │ m

참고 서로 평행한 두 직선을 평행선이라 한다.

(4) **평면에서 두 직선의 위치 관계**

① 한 점에서 만난다.

② 일치한다.

③ 평행하다.

 오른쪽 그림과 같은 직육면체에서 다음을 구하시오.

(1) 면 CGHD 위에 있는 꼭짓점

(2) 꼭짓점 B를 포함하는 면

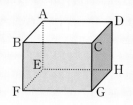

✏️ **풀이** (1) 면 CGHD 위에 있는 꼭짓점은 점 C, 점 G, 점 H, 점 D이다.

(2) 꼭짓점 B를 포함하는 면은 면 ABCD, 면 ABFE, 면 BFGC이다.

📋 (1) 점 C, 점 G, 점 H, 점 D (2) 면 ABCD, 면 ABFE, 면 BFGC

1-1 다음 보기 중 오른쪽 그림에 대한 설명으로 옳은 것을 모두 고르시오.

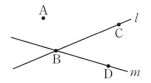

┤ 보기 ├
ㄱ. 점 A는 직선 l 위에 있다.

ㄴ. 직선 l은 점 C를 지난다.

ㄷ. 직선 m은 점 D를 지나지 않는다.

ㄹ. 직선 l과 직선 m 위에 동시에 있는 점은 점 B이다.

1-2 오른쪽 그림과 같은 삼각뿔에서 모서리 AC 위에 있는 꼭짓점의 개수를 a개, 면 BCD 위에 있지 않은 꼭짓점의 개수를 b개라 할 때, $a+b$의 값을 구하시오.

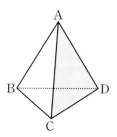

오른쪽 그림과 같은 정육각형에서 각 변의 연장선을 그을 때, 다음을 구하시오.

(1) $\overleftrightarrow{AB}$와 평행한 직선

(2) $\overleftrightarrow{AB}$와 한 점에서 만나는 직선

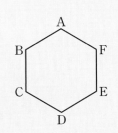

변을 직선으로 연장하여 생각해 봐~

풀이 (2) $\overleftrightarrow{AB}$와 평행한 직선을 제외한 직선은 모두 한 점에서 만나므로 구하는 직선은

$\overleftrightarrow{BC}$, $\overleftrightarrow{CD}$, $\overleftrightarrow{EF}$, $\overleftrightarrow{FA}$

답 (1) $\overleftrightarrow{DE}$ (2) $\overleftrightarrow{BC}$, $\overleftrightarrow{CD}$, $\overleftrightarrow{EF}$, $\overleftrightarrow{FA}$

2-1 오른쪽 그림과 같은 사다리꼴 ABCD에서 각 변의 연장선을 그을 때, 다음을 구하시오.

(1) $\overleftrightarrow{AD}$와 평행한 직선

(2) $\overleftrightarrow{BC}$와 수직으로 만나는 직선

(3) 교점이 점 C인 두 직선

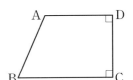

2-2 오른쪽 그림과 같은 직사각형 ABCD에서 각 변의 연장선을 그을 때, 다음 보기 중 옳은 것을 모두 고르시오.

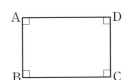

┤ 보기 ├
ㄱ. $\overleftrightarrow{AB}$ ∥ $\overleftrightarrow{BC}$
ㄴ. $\overleftrightarrow{BC}$는 점 D를 지난다.
ㄷ. $\overleftrightarrow{BC}$ ⊥ $\overleftrightarrow{CD}$
ㄹ. $\overleftrightarrow{BC}$와 $\overleftrightarrow{CD}$의 교점은 점 C이다.

O8 공간에서 두 직선의 위치 관계

* QR코드를 스캔하여 개념 영상을 확인하세요.
개념 영상

●● 공간에서 두 직선 사이에는 어떤 위치 관계가 있을까?

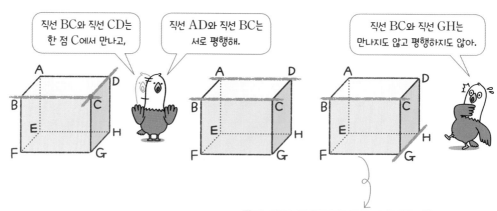

한 평면 위에 있는 두 직선은 반드시 만나거나 평행하다. 그러나 공간에서는 두 직선이 서로 만나지도 않고 평행하지도 않은 경우가 있다.

직육면체에서 서로 다른 두 직선의 위치 관계를 알아보자.

특히, 위의 세 번째 경우와 같이 공간에서 **두 직선이 서로 만나지도 않고 평행하지도 않을 때**, 두 직선은 **꼬인 위치**에 있다고 한다.
꼬인 위치에 있는 두 직선은 한 평면 위에 있지 않다.

공간에서 두 직선의 위치 관계는 다음 네 가지 경우가 있다.

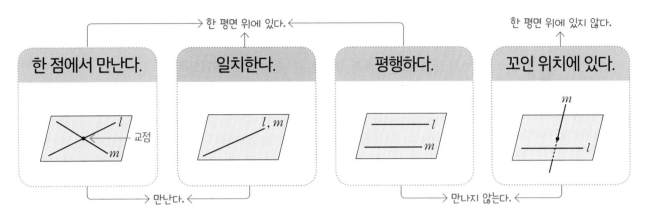

 오른쪽 그림과 같은 직육면체에서 다음을 구해 보자.

(1) 모서리 BF와 한 점에서 만나는 모서리

(2) 모서리 BF와 평행한 모서리

(3) 모서리 BF와 꼬인 위치에 있는 모서리

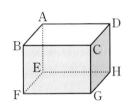

답 (1) $\overline{AB}$, $\overline{BC}$, $\overline{EF}$, $\overline{FG}$　(2) $\overline{AE}$, $\overline{CG}$, $\overline{DH}$　(3) $\overline{AD}$, $\overline{CD}$, $\overline{EH}$, $\overline{GH}$

회색 글씨를 따라 쓰면서 개념을 정리해 보자!

꽉 잡아, 개념!

(1) **꼬인 위치**: 공간에서 두 직선이 서로 만나지도 않고 평행하지도 않을 때, 두 직선은 꼬인 위치 에 있다고 한다.

(2) **공간에서 두 직선의 위치 관계**

① 한 점에서 만난다. ② 일치한다.　③ 평행 하다.　④ 꼬인 위치에 있다.

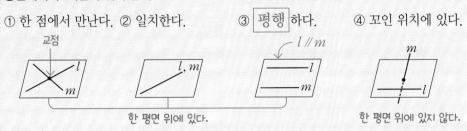

 다음 보기 중 오른쪽 그림과 같은 삼각기둥에 대한 설명으로 옳은 것을 모두 고르시오.

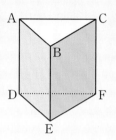

> 한 점에서 만나거나 평행한 모서리를 제외하면 꼬인 위치에 있는 모서리를 찾을 수 있어.

┤ 보기 ├

ㄱ. 모서리 BC와 한 점에서 만나는 모서리는 3개이다.

ㄴ. 모서리 BC와 모서리 CF는 점 C에서 만난다.

ㄷ. 모서리 BC와 평행한 모서리는 1개이다.

ㄹ. 모서리 BC와 꼬인 위치에 있는 모서리는 2개이다.

✎ 풀이 ㄱ. 모서리 BC와 한 점에서 만나는 모서리는 $\overline{AB}$, $\overline{AC}$, $\overline{BE}$, $\overline{CF}$의 4개이다.

ㄷ. 모서리 BC와 평행한 모서리는 $\overline{EF}$의 1개이다.

ㄹ. 모서리 BC와 꼬인 위치에 있는 모서리는 $\overline{AD}$, $\overline{DE}$, $\overline{DF}$의 3개이다.

이상에서 옳은 것은 ㄴ, ㄷ이다.

답 ㄴ, ㄷ

1-1 오른쪽 그림과 같이 밑면이 정오각형인 오각기둥에서 각 모서리의 연장선을 그을 때, 다음을 구하시오.

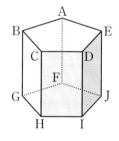

(1) 직선 AB와 만나는 직선

(2) 직선 AB와 평행한 직선

(3) 직선 AB와 꼬인 위치에 있는 직선

1-2 오른쪽 그림과 같은 직육면체에서 $\overline{AC}$와 꼬인 위치에 있는 모서리가 아닌 것은?

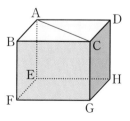

① $\overline{BF}$　　　② $\overline{CG}$　　　③ $\overline{DH}$

④ $\overline{EF}$　　　⑤ $\overline{FG}$

09

* QR코드를 스캔하여 개념 영상을 확인하세요.

공간에서 직선과 평면의 위치 관계

●● 공간에서 직선과 평면 사이에는 어떤 위치 관계가 있을까?

공간에서 직선과 평면은 만날 때와 만나지 않을 때가 있다.

직육면체에서 직선과 평면의 위치 관계를 알아보자.

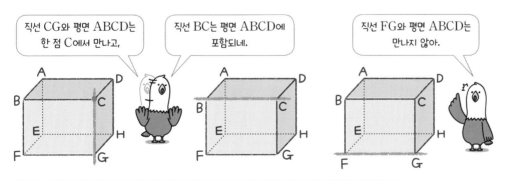

직선 l과 평면 P가 만나지 않을 때, 직선 l과 평면 P는 서로 평행하다고 하고, 이것을 기호로 다음과 같이 나타낸다.

$$l \,/\!/\, P$$

공간에서 직선과 평면의 위치 관계는 다음 세 가지 경우가 있다.

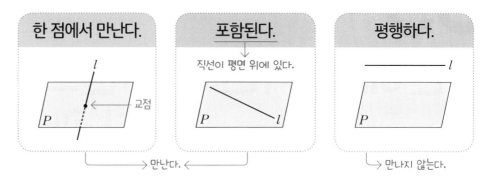

한 점에서 만난다.

교점

포함된다.

직선이 평면 위에 있다.

평행하다.

→ 만난다. ←

→ 만나지 않는다.

➕참고 직선과 평면은 한없이 뻗어 있으므로 평행하지 않으면 반드시 만나게 된다. 따라서 직선과 평면의 위치 관계에는 꼬인 위치가 없다.

오른쪽 그림과 같은 직육면체에서 다음을 구해 보자.

(1) 면 ABCD와 한 점에서 만나는 모서리
(2) 면 ABCD에 포함되는 모서리
(3) 면 ABCD와 평행한 모서리

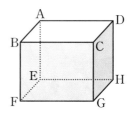

 (1) $\overline{AE}$, $\overline{BF}$, $\overline{CG}$, $\overline{DH}$ (2) $\overline{AB}$, $\overline{BC}$, $\overline{CD}$, $\overline{DA}$ (3) $\overline{EF}$, $\overline{FG}$, $\overline{GH}$, $\overline{HE}$

직선과 평면이 한 점에서 만날 때 특별한 경우를 알아보자.

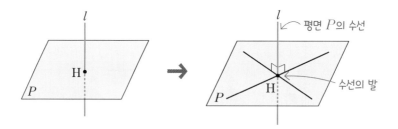

평면 P의 수선

수선의 발

직선 l이 점 H를 지나는 평면 P 위의 두 직선과 서로 수직인지 확인하면 돼.

직선 l이 평면 P와 한 점 H에서 만나고 점 H를 지나는 평면 P 위의 모든 직선과 수직일 때, 직선 l과 평면 P는 서로 수직이다 또는 직교한다고 하고, 이것을 기호로

$$l \perp P$$

와 같이 나타낸다. 이때 직선 l을 평면 P의 **수선**, 점 H를 **수선의 발**이라 한다.

또, 평면 P 위에 있지 않은 점 A와 평면 P 사이의 거리는 점 A에서 평면 P에 내린 수선의 발 H까지의 거리, 즉 $\overline{AH}$의 길이이다.

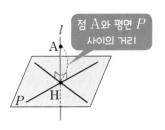
점 A와 평면 P 사이의 거리

점 A와 평면 P 사이의 거리 → $\overline{AH}$의 길이

 오른쪽 그림과 같은 직육면체에서 면 CGHD와 수직인 모서리를 모두 구해 보자.

📖 $\overline{AD}$, $\overline{BC}$, $\overline{EH}$, $\overline{FG}$

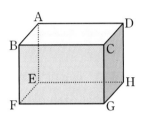

회색 글씨를 따라 쓰면서 개념을 정리해 보자!

꽉 잡아, 개념!

(1) 공간에서 직선과 평면의 위치 관계

① 한 점에서 만난다.　　② 포함된다.　　③ ▢평행▢하다.

교점

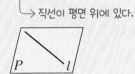
└ 직선이 평면 위에 있다.

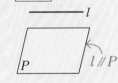
$l /\!/ P$

(2) 직선과 평면의 수직

직선 l이 평면 P와 한 점 H에서 만나고 점 H를 지나는 평면 P 위의 모든 직선과 수직일 때, 직선 l과 평면 P는 서로 ▢수직▢이다 또는 직교한다고 한다.

➡ l ▢⊥▢ P

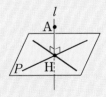

➕참고 평면 P 위에 있지 않은 점 A와 평면 P 사이의 거리는 점 A에서 평면 P에 내린 수선의 발 H까지의 거리, 즉 $\overline{AH}$의 길이이다.

1 오른쪽 그림과 같은 삼각기둥에서 면 ABC와 평행한 모서리의 개수를 a개, 수직인 모서리의 개수를 b개라 할 때, $a+b$의 값을 구하시오.

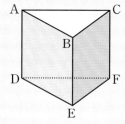

공간에서 직선과 평면이
만나지 않으면 반드시 평행해.

✎ **풀이** 면 ABC와 평행한 모서리는 $\overline{DE}$, $\overline{EF}$, $\overline{FD}$의 3개이므로 $a=3$
면 ABC와 수직인 모서리는 $\overline{AD}$, $\overline{BE}$, $\overline{CF}$의 3개이므로 $b=3$
∴ $a+b=3+3=6$

답 6

1-1 다음 중 오른쪽 그림과 같은 사각기둥에 대한 설명으로 옳지 않은 것은?

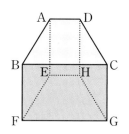

① 면 ABCD와 모서리 FG는 평행하다.
② 면 CGHD는 모서리 CG를 포함한다.
③ 면 ABFE와 모서리 BC는 한 점에서 만난다.
④ 면 BFGC와 평행한 모서리는 2개이다.
⑤ 면 EFGH와 수직인 모서리는 4개이다.

1-2 오른쪽 그림과 같은 직육면체에서 점 C와 면 ABFE 사이의 거리를 x cm, 점 B와 면 EFGH 사이의 거리를 y cm라 할 때, $x+y$의 값을 구하시오.

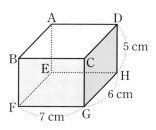

10 공간에서 두 평면의 위치 관계

* QR코드를 스캔하여 개념 영상을 확인하세요.

●● 공간에서 두 평면 사이에는 어떤 위치 관계가 있을까?

공간에서 두 평면은 만날 때와 만나지 않을 때가 있다.

직육면체에서 서로 다른 두 평면의 위치 관계를 알아보자.

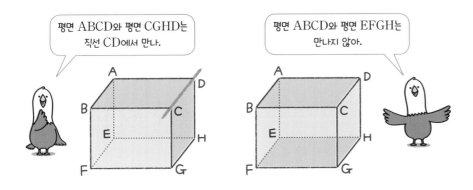

두 평면 P, Q가 만나지 않을 때, 두 평면 P, Q는 평행하다고 하고, 이것을 기호로

$$P /\!/ Q$$

와 같이 나타낸다.

공간에서 두 평면의 위치 관계는 다음 세 가지 경우가 있다.

▶ 일치하는 두 평면은 한 평면으로 생각한다.

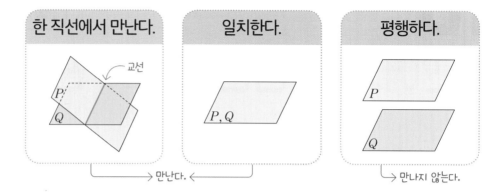

오른쪽 그림과 같은 직육면체에서 다음을 구해 보자.

(1) 모서리 AB를 교선으로 하는 두 면
(2) 면 EFGH와 평행한 면

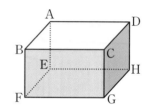

답 (1) 면 ABCD, 면 ABFE   (2) 면 ABCD

두 평면이 한 직선에서 만날 때 특별한 경우를 알아보자.

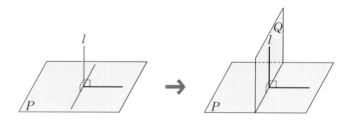

$l \perp P$이면 $P \perp Q$이구나!

평면 Q가 평면 P에 수직인 직선 l을 포함할 때, 평면 P와 평면 Q는 서로 수직이다 또는 직교한다고 하고, 이것을 기호로

$$P \perp Q$$

와 같이 나타낸다.

또, 평행한 두 평면 P, Q 사이의 거리는 평면 P 위의 한 점 A에서
평면 Q에 내린 수선의 발 H까지의 거리, 즉 $\overline{AH}$의 길이이다.

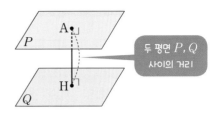

두 평면 P, Q 사이의 거리 ➡ $\overline{AH}$의 길이

 오른쪽 그림과 같은 삼각기둥에서 면 ABC와 수직인 면을 구해
보자.

🔲 면 ADEB, 면 BEFC, 면 ADFC

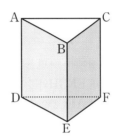

회색 글씨를
따라 쓰면서
개념을 정리해 보자!

꽉 잡아, 개념!

(1) 공간에서 두 평면의 위치 관계

① 한 직선에서 만난다.　　② 일치한다.　　③ 평행 하다.

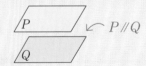

(2) 두 평면의 수직

평면 Q가 평면 P에 수직인 직선 l을 포함할 때, 평면 P와 평면 Q
는 서로 수직 이다 또는 직교한다고 한다.

➡ $P \perp Q$

➕참고 평행한 두 평면 P, Q 사이의 거리는 평면 P 위의 한 점 A에서 평면 Q에 내린
수선의 발 H까지의 거리, 즉 $\overline{AH}$의 길이이다.

1 오른쪽 그림과 같이 직육면체의 일부를 잘라낸 입체도형에서 다음 면의 개수를 구하시오.

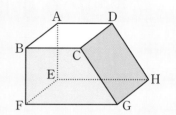

두 평면이 만나지 않으면 반드시 평행해.

(1) 면 EFGH와 평행한 면

(2) 면 EFGH와 수직인 면

(3) 면 ABCD와 한 모서리에서 만나는 면

풀이 (1) 면 EFGH와 평행한 면은 면 ABCD의 1개이다.

(2) 면 EFGH와 수직인 면은 면 ABFE, 면 BFGC, 면 AEHD의 3개이다.

(3) 면 ABCD와 한 모서리에서 만나는 면은 면 ABFE, 면 BFGC, 면 CGHD, 면 AEHD의 4개이다.

답 (1) 1개 (2) 3개 (3) 4개

1-1 오른쪽 그림과 같이 밑면이 정육각형인 육각기둥에서 면 BHIC와 평행한 면의 개수를 a개, 수직인 면의 개수를 b개라 할 때, $a+b$의 값을 구하시오.

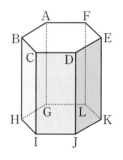

1-2 오른쪽 그림과 같은 직육면체에서 면 AEGC와 수직인 면을 모두 고르면? (정답 2개)

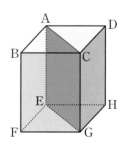

① 면 ABCD   ② 면 ABFE

③ 면 AEHD   ④ 면 BFGC

⑤ 면 EFGH

공간에서 여러 가지 위치 관계

공간에서 서로 다른 직선 또는 평면 사이의 위치 관계를 파악할 때는 직육면체를 그려서 확인하면 편리하다.

1 서로 다른 세 직선의 위치 관계

한 직선에 평행한 두 직선은 서로 평행하다.	한 직선에 수직인 두 직선은 다음 세 가지 경우가 있다.
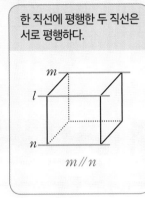	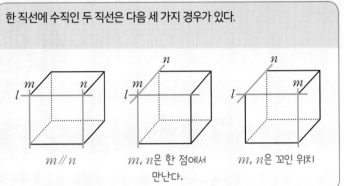

2 한 평면과 서로 다른 두 직선의 위치 관계

한 평면에 수직인 두 직선은 서로 평행하다.	한 평면에 평행한 두 직선은 다음 세 가지 경우가 있다.
	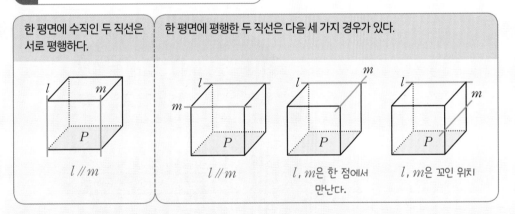

3 서로 다른 세 평면의 위치 관계

한 평면에 평행한 두 평면은 서로 평행하다.

한 평면에 수직인 두 평면은 서로 평행하거나 한 직선에서 만난다.

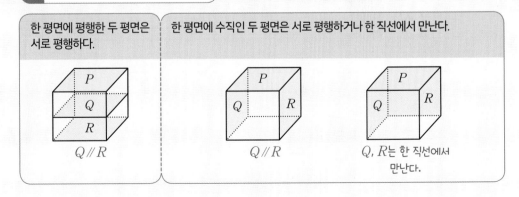

GO!!
시작해 보자~

4
평행선의 성질

#동위각 #엇각

#평행선과 동위각

#평행선과 엇각

#각의 크기가 같다

▶ 정답 및 풀이 4쪽

● 시각 이미지가 실제 사물의 모습과 다르게 보이는 현상을 '착시 현상'이라 한다. 오른쪽 그림과 같이 여러 개의 평행선 사이에 흑백의 칸들을 불규칙하게 배열하여 실제 평행선이 평행하지 않은 것처럼 보이게 만드는 이 착시 현상을 무엇이라 할까?

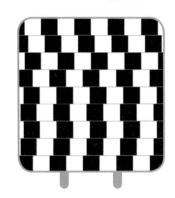

다음 주어진 문제에서 □ 안에 들어갈 알맞은 것을 출발점으로 하고 사다리 타기를 하여 알아보자.

❶ 직선 가와 수직인 직선은 □이다.
❷ 직선 다와 평행한 직선은 □이다.
❸ 직선 다와 수직인 직선은 □이다.

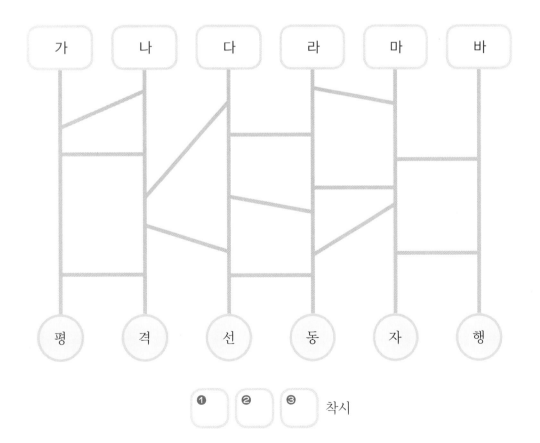

❶ 　　 ❷ 　　 ❸ 　　 착시

11 동위각과 엇각

* QR코드를 스캔하여 개념 영상을 확인하세요.

개념 영상

●● 동위각과 엇각은 무엇일까?

오른쪽 그림과 같이 한 평면 위에서 두 직선 l, m이 다른
한 직선 n과 만나면 8개의 교각이 생긴다. 이때

$$\angle a와 \angle e, \quad \angle b와 \angle f$$
$$\angle c와 \angle g, \quad \angle d와 \angle h$$

와 같이 서로 같은 위치에 있는 각을 **동위각**이라 한다.

동위각

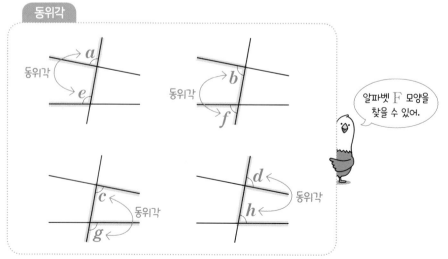

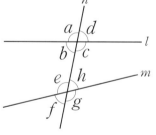

알파벳 F 모양을
찾을 수 있어.

또,

$$\angle b$$와 $$\angle h$$, $$\angle c$$와 $$\angle e$$

와 같이 서로 엇갈린 위치에 있는 각을 **엇각**이라 한다.

▶ 두 직선이 다른 한 직선과 서로 다른 두 점에서 만나면 동위각은 4쌍, 엇각은 2쌍이 생긴다.

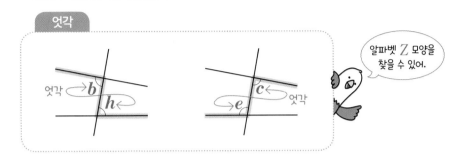

엇각

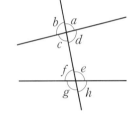

알파벳 Z 모양을 찾을 수 있어.

✔ 오른쪽 그림과 같이 서로 다른 두 직선이 다른 한 직선과 만날 때, 옳은 것은 ○표, 옳지 않은 것은 ×표를 해 보자.

(1) $$\angle a$$와 $$\angle e$$는 동위각이다.   (   )

(2) $$\angle c$$와 $$\angle e$$는 엇각이다.   (   )

(3) $$\angle d$$와 $$\angle g$$는 엇각이다.   (   )

답 (1) ○   (2) ○   (3) ×

회색 글씨를 따라 쓰면서 개념을 정리해 보자!

꽉잡아, 개념!

같다   위치   각

동 위 각

같은 위치

➡ 서로 | 같은 | 위치에 있는 각

엇갈리다   각

엇 각

엇갈린 위치

➡ 서로 | 엇갈린 | 위치에 있는 각

1 오른쪽 그림과 같이 서로 다른 두 직선이 다른 한 직선과
만날 때, 다음을 구하시오.

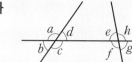

(1) ∠a의 동위각   (2) ∠c의 엇각

(3) ∠d의 동위각   (4) ∠f의 엇각

동위각은 알파벳 F,
엇각은 알파벳 Z로
기억해.

✏ 풀이   (1) ∠e   (2) ∠e   (3) ∠h   (4) ∠d

🔲 풀이 참조

1-1 오른쪽 그림과 같이 서로 다른 두 직선이 다른 한 직선과
만날 때, 다음을 구하시오.

(1) ∠b의 동위각   (2) ∠c의 엇각

2 오른쪽 그림과 같이 서로 다른 두 직선이 다른 한 직선과
만날 때, 다음 중 옳지 <u>않은</u> 것은?

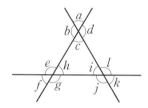

① ∠a와 ∠e는 동위각이다.

② ∠c와 ∠d는 엇각이다.

③ ∠b의 동위각의 크기는 120°이다.

④ ∠b의 엇각의 크기는 60°이다.

⑤ ∠f의 동위각의 크기는 80°이다.

동위각이나 엇각의
크기는 평각의 크기,
맞꼭지각의 성질 등을
이용해서 구해.

✏ 풀이   ③ ∠b의 동위각은 ∠f이고 ∠f = 180° − 120° = 60°이다.

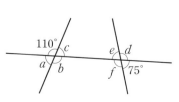

🔲 ③

2-1 오른쪽 그림과 같이 서로 다른 두 직선이 다른 한
직선과 만날 때, 다음 각을 찾고, 그 각의 크기를 구하시오.

(1) ∠a의 동위각   (2) ∠e의 엇각

12
평행선의 성질

* QR코드를 스캔하여 개념 영상을 확인하세요.

●● 평행선에서 동위각과 엇각은 어떤 성질을 가질까?

동위각과 엇각은 각의 위치만 나타낼 뿐 그 크기와는 관련이 없다. 하지만 서로 다른 두 직선이 평행할 때 동위각과 엇각은 각의 크기와도 관련이 있다.

투명 필름을 이용하여 평행선과 동위각, 평행선과 엇각 사이의 관계를 알아보자.

다음 그림과 같이 평행한 두 직선 l, m이 다른 한 직선 n과 만날 때, 투명 필름을 대고 $\angle a$를 본뜬 후 투명 필름을 움직여 $\angle b$에 포개어 본다.

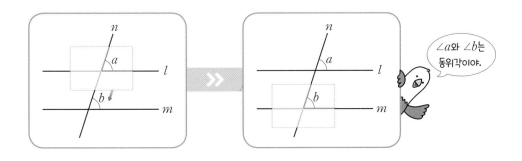

투명 필름 위의 $\angle a$와 $\angle b$가 완전히 포개어지는 것을 확인할 수 있다.

평행한 두 직선이 다른 한 직선과 만날 때
→ 동위각의 크기는 서로 같다.

이번에는 다음 그림과 같이 평행한 두 직선 l, m이 다른 한 직선 n과 만날 때, 투명 필름을 대고 $\angle c$를 본뜬 후 투명 필름을 회전하여 $\angle d$에 포개어 본다.

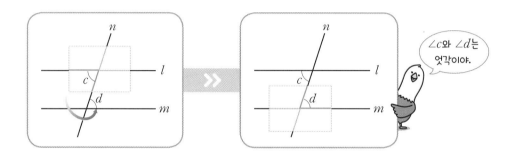

투명 필름 위의 $\angle c$와 $\angle d$가 완전히 포개어지는 것을 확인할 수 있다.

평행한 두 직선이 다른 한 직선과 만날 때
→ 엇각의 크기는 서로 같다.

주의 맞꼭지각의 크기는 항상 같지만 동위각과 엇각의 크기는 두 직선이 평행할 때만 각각 서로 같다.

다음 그림에서 $l /\!/ m$일 때, $\angle x$의 크기를 구해 보자.

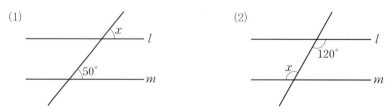

(1)

(2)

답 (1) 50° (2) 120°

●● 두 직선이 평행하기 위한 조건은 무엇일까?

평행선에서는 동위각과 엇각의 크기가 각각 서로 같다.

그럼 두 직선이 평행한지 알아보기 위해서는 무엇을 확인해 봐야 할까?

다음 그림과 같이 두 직선 l, m과 만나는 직선을 하나 그어 동위각과 엇각의 크기가 각각
서로 같은지 확인해 보면 된다.

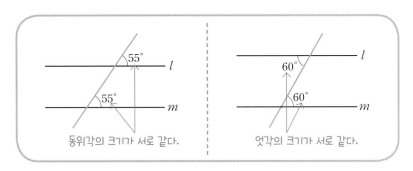

서로 다른 두 직선이 다른 한 직선과 만날 때

→ **동위각** 또는 **엇각의 크기**가 서로 **같으면** 두 직선은 **평행하다.**

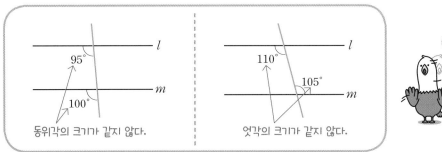

서로 다른 두 직선이 다른 한 직선과 만날 때

→ **동위각** 또는 **엇각의 크기**가 서로 **다르면** 두 직선은 **평행하지 않다.**

따라서 두 직선이 평행함을 보이기 위해서는 다음 중 하나만 보이면 된다.

     ✔ 동위각의 크기가 서로 같다.
     ✔ 엇각의 크기가 서로 같다.

💙 다음 그림에서 두 직선 l, m이 평행하면 ○표, 평행하지 않으면 ✕표를 해 보자.

(1)
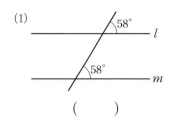
(   )

(2)
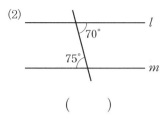
(   )

(3)
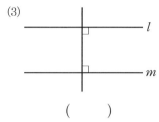
(   )

(4)
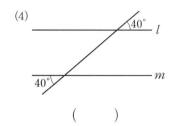
(   )

📘 (1) ○ (2) ✕ (3) ○ (4) ○

꽉 잡아, 개념!

회색 글씨를 따라 쓰면서 개념을 정리해 보자!

(1) 평행선에서 동위각과 엇각

평행한 두 직선 l, m이 다른 한 직선 n과 만날 때

① 동위각의 크기는 서로 | 같다 |.

　➡ $l /\!/ m$이면 $\angle a = \angle b$

② 엇각의 크기는 서로 | 같다 |.

　➡ $l /\!/ m$이면 $\angle c = \angle d$

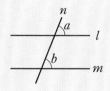
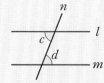

(2) 두 직선이 평행하기 위한 조건

서로 다른 두 직선 l, m이 다른 한 직선 n과 만날 때

① 동위각의 크기가 서로 같으면 두 직선 l, m은 | 평행하다 |.

　➡ $\angle a = \angle b$이면 $l /\!/ m$

② 엇각의 크기가 서로 같으면 두 직선 l, m은 | 평행하다 |.

　➡ $\angle c = \angle d$이면 $l /\!/ m$

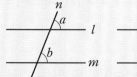
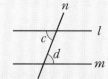

개념을 확인해 보자

1 오른쪽 그림에서 $l /\!/ m$일 때, $\angle x$, $\angle y$의 크기를 각각 구하시오.

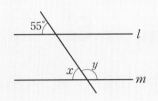

✏️ **풀이** $l /\!/ m$이므로 $\angle x = 55°$ (동위각)

$\angle x + \angle y = 180°$, $55° + \angle y = 180°$ ∴ $\angle y = 125°$

답 $\angle x = 55°$, $\angle y = 125°$

1-1 다음 그림에서 $l /\!/ m$일 때, $\angle x$, $\angle y$의 크기를 각각 구하시오.

(1)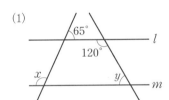

(2)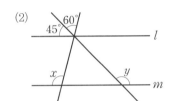

2 오른쪽 그림에서 $l /\!/ m$일 때, $\angle x$의 크기를 구하시오.

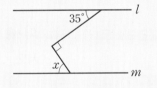

꺾인 점을 지나면서 평행선에 평행한 직선을 그어 봐.

✏️ **풀이** 오른쪽 그림과 같이 두 직선 l, m에 평행한 직선 n을 그으면 엇각의 크기가 각각 같으므로

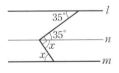

$\angle x + 35° = 90°$ ∴ $\angle x = 55°$

답 55°

2-1 다음 그림에서 $l /\!/ m$일 때, $\angle x$의 크기를 구하시오.

(1)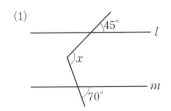

(2)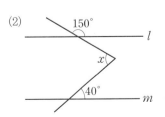

4. 평행선의 성질 **65**

3 다음 중 두 직선 l, m이 평행한 것은?

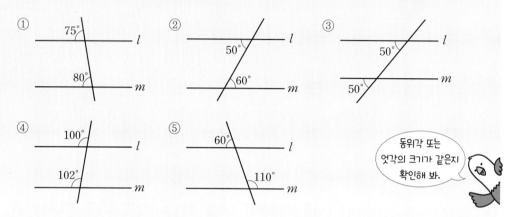

동위각 또는
엇각의 크기가 같은지
확인해 봐.

✎ 풀이   ①, ④ 동위각의 크기가 서로 다르므로 두 직선 l, m은 평행하지 않다.
② 엇각의 크기가 서로 다르므로 두 직선 l, m은 평행하지 않다.
⑤ 크기가 $110°$인 각의 동위각의 크기가 $180° - 60° = 120°$이므로 두 직선 l, m은 평행하지 않다.
따라서 두 직선 l, m이 평행한 것은 ③이다.

답 ③

3-1 오른쪽 그림에서 평행한 두 직선을 찾아 기호로 나타내
시오.

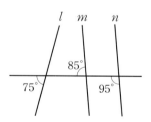

3-2 오른쪽 그림에서 두 직선 l, m이 평행하기 위한 $\angle x$의
크기를 구하시오.

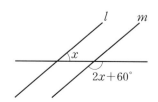

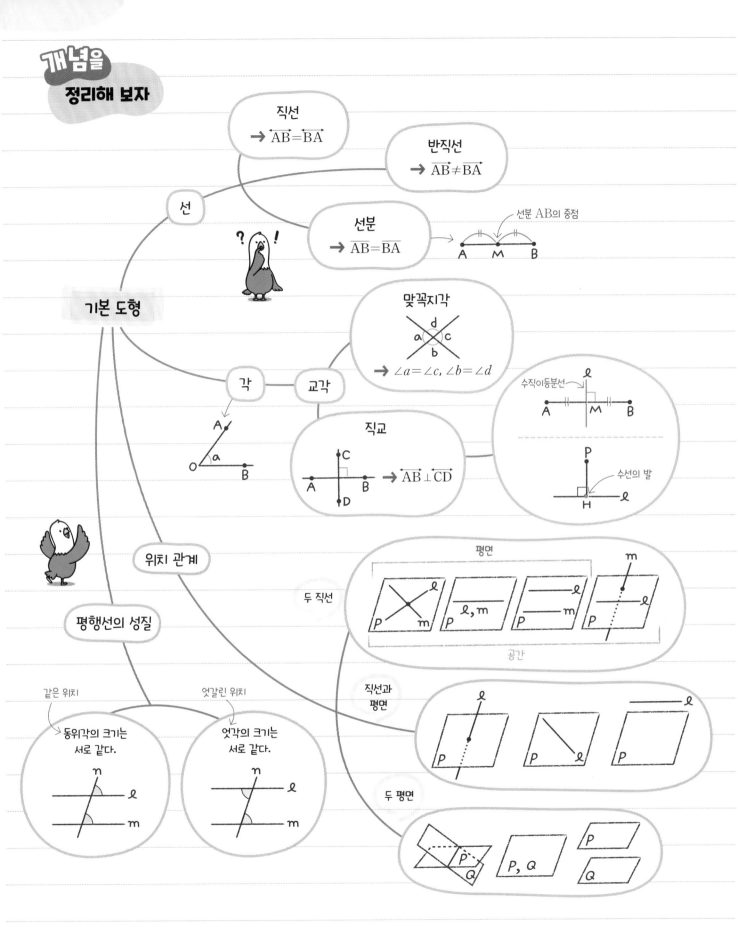

개념을
정리해 보자

직선
→ $\overleftrightarrow{AB}=\overleftrightarrow{BA}$

반직선
→ $\overrightarrow{AB}\neq\overrightarrow{BA}$

선

선분
→ $\overline{AB}=\overline{BA}$

선분 AB의 중점

A   M   B

기본 도형

맞꼭지각

→ $\angle a=\angle c$, $\angle b=\angle d$

각

교각

수직이등분선
A   M   B

직교

→ $\overleftrightarrow{AB}\perp\overleftrightarrow{CD}$

수선의 발

P
H ℓ

위치 관계

평면
두 직선
ℓ, m
P   m

공간

직선과
평면

P   P   P

평행선의 성질

두 평면

P, Q

같은 위치

동위각의 크기는
서로 같다.

n
ℓ
m

엇갈린 위치

엇각의 크기는
서로 같다.

n
ℓ
m

1 다음 중 옳지 <u>않은</u> 것은?

① 선 위에는 무수히 많은 점이 있다.

② 점이 움직인 자리는 면이 된다.

③ 선과 선이 만나면 교점이 생긴다.

④ 입체도형은 점, 선, 면으로 이루어져 있다.

⑤ 직육면체에서 교점의 개수보다 교선의 개수가 더 많다.

2 오른쪽 그림과 같이 직선 l 위에 있지 않은 두 점 A, B와 직선 l 위에 있는 두 점 C, D가 있다. 이 중 두 점을 이어서 만들 수 있는 서로 다른 반직선의 개수를 구하시오.

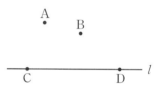

3 다음 조건을 모두 만족하는 네 점 O, P, Q, R가 선분 AB 위에 차례대로 있을 때, $\overline{OQ}$의 길이를 구하시오.

> (개) 점 P는 $\overline{AB}$의 중점이다.
> (내) 점 O는 $\overline{AP}$의 중점이다.
> (대) 두 점 Q, R는 $\overline{PB}$의 삼등분점이다.
> (래) $\overline{AB}$의 길이는 60 cm이다.

4 오른쪽 그림에서 $\angle x$의 크기를 구하시오.

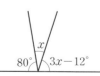

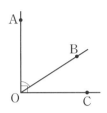
5 오른쪽 그림에서 ∠AOB : ∠BOC＝2 : 1일 때, ∠AOB의 크기를 구하시오.

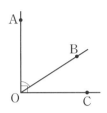

6 오른쪽 그림에서 ∠a＋∠b＝230°일 때, ∠x의 크기는?

① 60°　　　② 65°　　　③ 70°
④ 75°　　　⑤ 80°

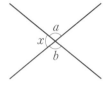

7 오른쪽 그림과 같은 직각삼각형 ABC에서 점 A와 $\overline{BC}$ 사이의 거리를 a cm, 점 B와 $\overline{AC}$ 사이의 거리를 b cm라 할 때, $a+b$ 의 값은?

① 12.4　　　② 12.6　　　③ 12.8
④ 13　　　⑤ 13.2

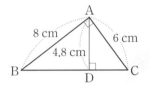

8 다음 중 오른쪽 그림에 대한 설명으로 옳지 <u>않은</u> 것은?

① 점 A는 두 직선 m, n의 교점이다.
② 점 B는 직선 m 위에 있다.
③ 직선 l은 점 C를 지난다.
④ 점 D는 직선 m 위에 있지 않다.
⑤ 두 직선 l, m의 교점은 점 D이다.

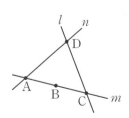

9 다음 보기 중 오른쪽 그림과 같은 정팔각형에 대한 설명으로 옳지 않은 것을 모두 고르면? (단, 점 O는 $\overline{AE}$, $\overline{BF}$, $\overline{CG}$, $\overline{DH}$의 교점이다.)

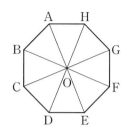

┤ 보기 ├

ㄱ. $\overleftrightarrow{AH}$와 $\overleftrightarrow{CG}$는 한 점에서 만난다.

ㄴ. $\overleftrightarrow{BC}$와 $\overleftrightarrow{FG}$는 만나지 않는다.

ㄷ. $\overleftrightarrow{AB}$와 $\overleftrightarrow{FG}$는 평행하다.

ㄹ. $\overleftrightarrow{DO}$와 $\overleftrightarrow{HO}$는 한 점에서 만난다.

① ㄱ, ㄴ   ② ㄱ, ㄷ   ③ ㄴ, ㄷ
④ ㄴ, ㄹ   ⑤ ㄷ, ㄹ

10 다음 중 오른쪽 그림과 같은 삼각뿔에서 서로 만나지도 않고 평행하지도 않은 모서리끼리 짝 지은 것을 모두 고르면? (정답 2개)

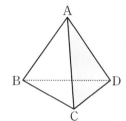

① $\overline{AB}$, $\overline{AC}$ ② $\overline{AB}$, $\overline{BC}$ ③ $\overline{AC}$, $\overline{BD}$
④ $\overline{AD}$, $\overline{BC}$ ⑤ $\overline{BC}$, $\overline{BD}$

11 오른쪽 그림과 같이 밑면이 정오각형인 오각기둥에서 면 CHID와 평행한 모서리의 개수를 a개, 선분 HJ와 꼬인 위치에 있는 모서리의 개수를 b개, 모서리 DI와 수직으로 만나는 모서리의 개수를 c개라 할 때, $a+b+c$의 값을 구하시오.

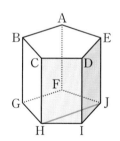

12 오른쪽 그림은 정육면체를 세 꼭짓점 B, F, C를 지나는 평면으로 잘라 만든 입체도형이다. 모서리 BC와 꼬인 위치에 있는 모서리의 개수를 a개, 모서리 CF를 포함하는 면의 개수를 b개라 할 때, $a+b$의 값을 구하시오.

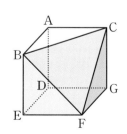

13 오른쪽 그림과 같이 서로 다른 두 직선이 다른 한 직선과 만날 때, ∠a의 동위각과 ∠b의 엇각의 크기의 합을 구하시오.

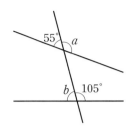

14 다음 중 두 직선 l, m이 평행하지 <u>않은</u> 것은?

①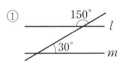

②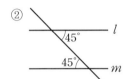

③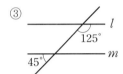

④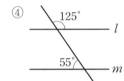

⑤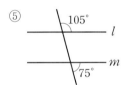

15 어떤 로봇 청소기가 오른쪽 그림과 같이 진행 방향을 네 번 바꾸어 처음과 정반대 방향으로 가게 되었다. $l /\!/ m$일 때, ∠x의 크기를 구하시오.

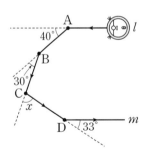

16 오른쪽 그림과 같이 직사각형 모양의 종이를 접었을 때, ∠x - ∠y의 크기는?

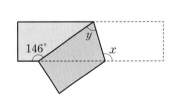

① 34°   ② 39°   ③ 44°

④ 49°   ⑤ 54°

Ⅱ
작도와 합동

차례~차례~
가 보자!!

♪~

GO!!!
시작해 보자~

5
삼각형의 작도

#작도 #눈금 없는 자 #컴퍼스

#△ABC #대각 #대변

#세 변의 길이

#두 변의 길이 #끼인각

#한 변의 길이 #양 끝 각

▶ 정답 및 풀이 6쪽

● '같은 자리에 자면서 다른 꿈을 꾼다.'는 뜻으로, 겉으로는 같이 행동하면서도 속으로는 각각 딴생각을 하고 있음을 이르는 이 사자성어는 무엇일까?

한 변의 길이가 8 cm인 정삼각형을 그리는 과정을 나타낸 다음 그림을 보고, 순서대로 나열하여 사자성어를 완성해 보자.

상

선분의 한 끝 점에서 각도기를 사용하여 크기가 60°인 각을 그린다.

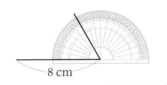

몽

두 각이 만나는 점을 이어 삼각형을 그린다.

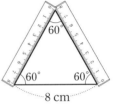

이

선분의 다른 끝 점에서 각도기를 사용하여 크기가 60°인 각을 그린다.

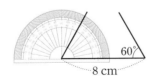

동

길이가 8 cm인 선분을 그린다.

정답 ◯ ◯ ◯ ◯

13 작도

*QR코드를 스캔하여 개념 영상을 확인하세요.

●● 눈금 없는 자와 컴퍼스만을 사용하여 도형을 그릴 수 있을까?

> 작도에서 눈금 없는 자는 눈금을 이용하지 않는 것을 의미한다.

눈금 없는 자와 컴퍼스만을 사용하여 도형을 그리는 것을 **작도**라 한다. 이때 눈금 없는 자와 컴퍼스를 다음과 같은 경우에 사용한다.

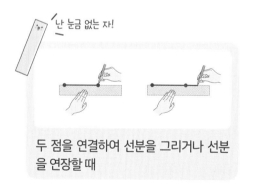

두 점을 연결하여 선분을 그리거나 선분을 연장할 때

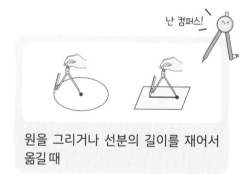

원을 그리거나 선분의 길이를 재어서 옮길 때

💙 작도에 대한 설명으로 옳은 것은 ○표, 옳지 않은 것은 ×표를 해 보자.

(1) 선분의 길이를 재어서 옮길 때 눈금 없는 자를 사용한다. ( )
(2) 두 점을 연결하여 선분을 그릴 때 컴퍼스를 사용한다. ( )
(3) 선분의 길이를 다른 직선 위로 옮길 때 컴퍼스를 사용한다. ( )

🔖 (1) × (2) × (3) ○

●● 길이가 같은 선분은 어떻게 작도할까?

오른쪽 그림의 선분 AB와 길이가 같은 선분 CD를 작도해 보자.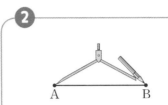

①

눈금 없는 자를 사용하여 직선 l을 긋고, 그 위에 점 C를 잡는다.

②

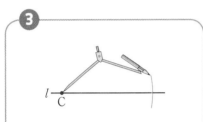

컴퍼스를 사용하여 $\overline{AB}$의 길이를 잰다.

③

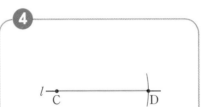

점 C를 중심으로 반지름의 길이가 $\overline{AB}$인 원을 그린다.

④

③에서 그린 원과 직선 l의 교점을 D라 하면 $\overline{CD}$가 구하는 선분이다.

$\overline{AB}=\overline{CD}$

눈금 없는 자로 한 직선을 긋고 컴퍼스로 $\overline{AB}$의 길이를 재어 옮기는 위의 과정을 반복하면 길이가 $\overline{AB}$의 길이의 2배, 3배, …인 선분도 작도할 수 있다.

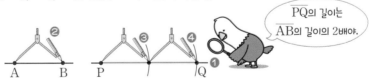

$\overline{PQ}$의 길이는 $\overline{AB}$의 길이의 2배야.

💙 다음 그림은 선분 AB와 길이가 같은 선분 MN을 작도하는 과정이다. ☐ 안에 작도 순서를 알맞게 써넣어 보자.

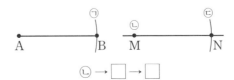

ⓒ → ☐ → ☐

답 ㉠, ㉢

●●크기가 같은 각은 어떻게 작도할까?

오른쪽 그림의 ∠XOY와 크기가 같고 반직선 PQ를 한 변으로 하는 ∠CPQ를 작도해 보자.

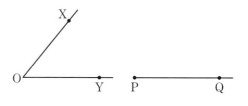

1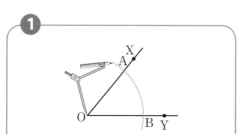

점 O를 중심으로 적당한 원을 그려 $\overrightarrow{OX}$, $\overrightarrow{OY}$와의 교점을 각각 A, B라 한다.

2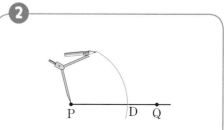

점 P를 중심으로 반지름의 길이가 $\overline{OA}$인 원을 그려 $\overrightarrow{PQ}$와의 교점을 D라 한다.

3을 하기 전에 컴퍼스로 $\overline{AB}$의 길이를 재야 해.

3

점 D를 중심으로 반지름의 길이가 $\overline{AB}$인 원을 그려 **2**에서 그린 원과의 교점을 C라 한다.

4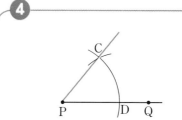

반직선 PC를 그으면 ∠CPQ가 구하는 각이다.

회색 글씨를 따라 쓰면서 개념을 정리해 보자!

꽉잡아, 개념!

작도: 눈금 없는 자 와 컴퍼스 만을 사용하여 도형을 그리는 것

➕참고 눈금 없는 자로는 길이를 잴 수 없으므로 길이를 옮길 때는 컴퍼스를 사용한다.

 다음 그림은 $\overline{AB}$를 점 B의 방향으로 연장하여 $\overline{AC}=2\overline{AB}$인 $\overline{AC}$를 작도하는 과정이다. ☐ 안에 알맞은 것을 써넣으시오.

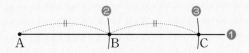

❶ ☐를 사용하여 $\overline{AB}$를 점 B의 방향으로 연장한다.

❷ ☐를 사용하여 $\overline{AB}$의 길이를 잰다.

❸ 점 B를 중심으로 반지름의 길이가 ☐인 원을 그려 $\overline{AB}$의 연장선과의 교점을 ☐ 라 한다. ⇨ $\overline{AC}=2\overline{AB}$

✎ 풀이 ❶ 눈금 없는 자 를 사용하여 $\overline{AB}$를 점 B의 방향으로 연장한다.

❷ 컴퍼스 를 사용하여 $\overline{AB}$의 길이를 잰다.

❸ 점 B를 중심으로 반지름의 길이가 $\overline{AB}$ 인 원을 그려 $\overline{AB}$의 연장선과의 교점을 C 라 한다. ⇨ $\overline{AC}=2\overline{AB}$

길이를 옮길 때는 컴퍼스를 사용해.

답 눈금 없는 자, 컴퍼스, $\overline{AB}$, C

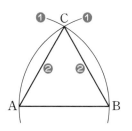

1-1 오른쪽 그림은 길이가 같은 선분의 작도를 이용하여 주어진 선분 AB를 한 변으로 하는 정삼각형을 작도하는 과정이다. ☐ 안에 알맞은 것을 써넣으시오.

❶ 두 점 A, B를 중심으로 반지름의 길이가 ☐인 원을 각각 그려 두 원의 교점을 ☐라 한다.

❷ $\overline{AC}$와 $\overline{BC}$를 각각 그으면 $\overline{AC}=\overline{BC}=$☐이므로 삼각형 ABC는 ☐이다.

2 다음은 ∠XOY와 크기가 같고 반직선 PQ를 한 변으로 하는 각을 작도하는 과정이다.
☐ 안에 알맞은 것을 써넣으시오.

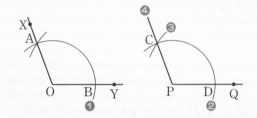

❶ 점 O를 중심으로 적당한 원을 그려 $\overrightarrow{OX}$, $\overrightarrow{OY}$와의 교점을 각각 A, B라 한다.

❷ 점 P를 중심으로 반지름의 길이가 $\overline{OA}$인 원을 그려 $\overrightarrow{PQ}$와의 교점을 D라 한다.

❸ 점 D를 중심으로 반지름의 길이가 ☐인 원을 그려 ❷에서 그린 원과의 교점을
☐라 한다.

❹ 반직선 ☐를 그으면 ∠CPQ가 구하는 각이다.

✎ **풀이** ❶ 점 O를 중심으로 적당한 원을 그려 $\overrightarrow{OX}$, $\overrightarrow{OY}$와의 교점을 각각 A, B라 한다.

❷ 점 P를 중심으로 반지름의 길이가 $\overline{OA}$인 원을 그려 $\overrightarrow{PQ}$와의 교점을 D라 한다.

❸ 점 D를 중심으로 반지름의 길이가 $\boxed{\overline{AB}}$인 원을 그려 ❷에서 그린 원과의 교점을 $\boxed{C}$라 한다.

❹ 반직선 $\boxed{PC}$를 그으면 ∠CPQ가 구하는 각이다.

📋 $\overline{AB}$, C, PC

2-1 오른쪽 그림은 ∠XOY와 크기가 같고
반직선 PQ를 한 변으로 하는 각을 작도한 것이
다. 다음 중 옳지 않은 것은?

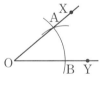 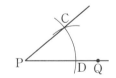

① $\overline{OA}=\overline{PC}$ 　　② $\overline{OB}=\overline{PC}$ 　　③ $\overline{AB}=\overline{CD}$

④ $\overline{OB}=\overline{CD}$ 　　⑤ $\overline{PC}=\overline{PD}$

평행선은 어떻게 작도할까?

평행선의 성질과 크기가 같은 각의 작도를 이용하여 직선 l 위에 있지 않은 한 점 P를 지나면서 직선 l에 평행한 직선을 작도해 보자.

1

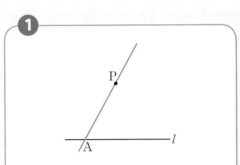

점 P를 지나는 직선을 그어 직선 l과의 교점을 A라 한다.

2

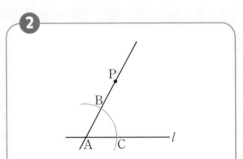

점 A를 중심으로 적당한 원을 그려 $\overrightarrow{PA}$, 직선 l과의 교점을 각각 B, C라 한다.

3

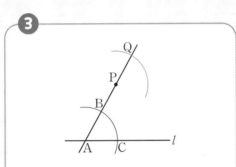

점 P를 중심으로 반지름의 길이가 $\overline{AB}$인 원을 그려 $\overrightarrow{PA}$와의 교점을 Q라 한다.

4

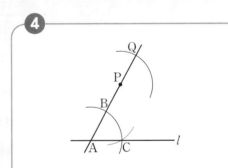

컴퍼스를 사용하여 $\overline{BC}$의 길이를 잰다.

5

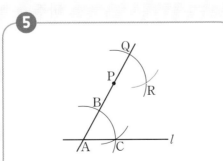

점 Q를 중심으로 반지름의 길이가 $\overline{BC}$인 원을 그려 **3**에서 그린 원과의 교점을 R라 한다.

6

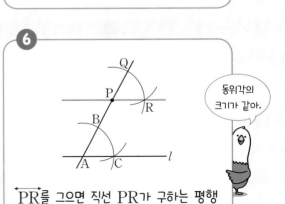

$\overrightarrow{PR}$를 그으면 직선 PR가 구하는 평행선이다.

동위각의 크기가 같아.

14
삼각형 ABC

* QR코드를 스캔하여 개념 영상을 확인하세요.

●●삼각형 ABC에서 서로 마주 보는 관계를 알아볼까?

삼각형 ABC를 기호로 △ABC와 같이 나타낸다.

삼각형에는 세 변과 세 각이 있다. 이때 한 각과 한 변이 마주 보고 있는데 이들을 각각 서로의 **대각, 대변**이라 한다.

또, △ABC에서 ∠A, ∠B, ∠C의 대변 BC, CA, AB의 길이를 각각 a, b, c로 나타낸다.

오른쪽 그림과 같은 △DEF에서 다음을 구해 보자.

(1) ∠D의 대변 (2) ∠F의 대변
(3) 변 DF의 대각 (4) 변 DE의 대각

답 (1) 변 EF (2) 변 DE (3) ∠E (4) ∠F

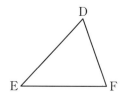

●● 삼각형의 세 변의 길이 사이에는 어떤 관계가 있을까?

두 점 A와 B를 잇는 선 중 길이가 가장 짧은 것은 선분 AB이므로 삼각형 ABC에서
다음이 성립한다.

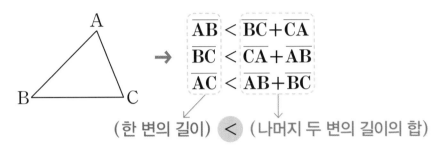

$$\overline{AB} < \overline{BC} + \overline{CA}$$
$$\overline{BC} < \overline{CA} + \overline{AB}$$
$$\overline{AC} < \overline{AB} + \overline{BC}$$

(한 변의 길이) < (나머지 두 변의 길이의 합)

따라서 삼각형의 세 변의 길이 사이에는 다음과 같은 관계가 성립한다.

가장 긴 변의 길이만 비교하면 돼.

삼각형에서 한 변의 길이는 나머지 두 변의 길이의 합보다 작다.
→ (가장 긴 변의 길이) < (나머지 두 변의 길이의 합)

 삼각형의 세 변의 길이가 될 수 있는 것은 ○표, 될 수 없는 것은 ✕표를 해 보자.

(1) 2 cm, 3 cm, 7 cm   (   )

(2) 6 cm, 9 cm, 11 cm   (   )

(3) 1 cm, 5 cm, 6 cm   (   )

답 (1) ✕   (2) ○   (3) ✕

회색 글씨를 따라 쓰면서 개념을 정리해 보자!

꽉 잡아, 개념!

(1) **삼각형 ABC**: 세 점 A, B, C를 꼭짓점으로 하는 삼각형

➡ △ABC

① 대변: 한 각과 마주 보는 변
② 대각: 한 변과 마주 보는 각

(2) **삼각형의 세 변의 길이 사이의 관계**

삼각형에서 한 변의 길이는 나머지 두 변의 길이의 합보다 작다 .

➡ (가장 긴 변의 길이) < (나머지 두 변의 길이의 합)

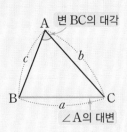

변 BC의 대각

∠A의 대변

▶ 정답 및 풀이 7쪽

 오른쪽 그림과 같은 삼각형 ABC에 대하여 다음을 구하시오.

(1) ∠C의 대변의 길이
(2) 변 BC의 대각의 크기

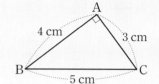

🏷 **풀이** (1) ∠C의 대변은 변 AB이므로 (∠C의 대변의 길이)=$\overline{AB}$=4 cm
(2) 변 BC의 대각은 ∠A이므로 (변 BC의 대각의 크기)=∠A=$90°$

🔲 (1) **4 cm** (2) **90°**

1-1 다음 보기 중 오른쪽 그림과 같은 삼각형 ABC에 대한 설명으로 옳은 것을 모두 고르시오.

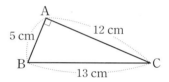

┤ 보기 ├
ㄱ. 삼각형 ABC를 기호로 △ABC와 같이 나타낸다.
ㄴ. ∠B의 대변의 길이는 12 cm이다.
ㄷ. 변 AB의 대각의 크기는 $90°$이다.

2 다음 중 삼각형의 세 변의 길이가 될 수 없는 것은?

① 3, 4, 5   ② 2, 6, 8   ③ 5, 12, 15
④ 8, 10, 12   ⑤ 10, 15, 19

> 가장 긴 변의 길이와 나머지 두 변의 길이의 합만 비교하면 돼.

🏷 **풀이** ① $5<3+4$ ② $8=2+6$ ③ $15<5+12$ ④ $12<8+10$ ⑤ $19<10+15$
따라서 삼각형의 세 변의 길이가 될 수 없는 것은 ②이다.

🔲 ②

2-1 삼각형의 세 변의 길이가 3, 6, x일 때, 다음 중 x의 값이 될 수 없는 것은?

① 5   ② 6   ③ 7   ④ 8   ⑤ 9

15
삼각형의 작도

* QR코드를 스캔하여 개념 영상을 확인하세요.

●● 삼각형을 하나로 작도할 수 있는 조건은 무엇일까?

삼각형을 작도할 때, 세 변의 길이와 세 각의 크기를 모두 알 필요는 없다. 이 중 특정한 세 가지만 알면 삼각형을 작도할 수 있다.

길이가 정해진 세 개의 막대로 삼각형을 만들 수 있을까?

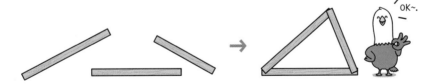

위와 같은 경우 삼각형은 하나로 만들어진다.
따라서 세 변의 길이가 주어지면 삼각형을 하나로 작도할 수 있다.

세 변의 길이가 주어진 삼각형의 작도

다음 그림과 같이 길이가 각각 a, b, c인 선분을 세 변으로 하는 삼각형 ABC를 작도해 보자.

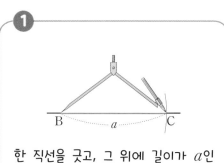

① 한 직선을 긋고, 그 위에 길이가 a인 $\overline{BC}$를 작도한다.

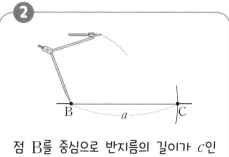

② 점 B를 중심으로 반지름의 길이가 c인 원을 그린다.

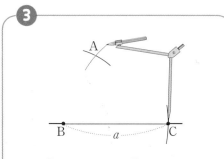

③ 점 C를 중심으로 반지름의 길이가 b인 원을 그려 **②**에서 그린 원과의 교점을 A라 한다.

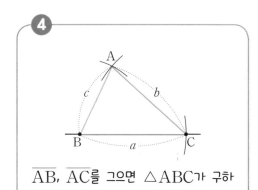

④ $\overline{AB}$, $\overline{AC}$를 그으면 △ABC가 구하는 삼각형이다.

주의 세 변의 길이가 주어졌을 때, 두 변의 길이의 합이 나머지 한 변의 길이보다 작거나 같은 경우에는 삼각형이 작도되지 않는다.

길이가 정해진 두 개의 막대로 삼각형을 만들 수 있을까?

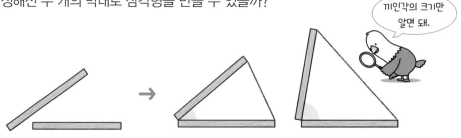

끼인각의 크기만 알면 돼.

위와 같은 경우 두 막대 사이의 끼인각의 크기만 안다면 삼각형은 하나로 만들어진다.

따라서 **두 변의 길이와 그 끼인각의 크기가 주어지면 삼각형을 하나로 작도할 수 있다.**

두 변의 길이와 그 끼인각의 크기가 주어진 삼각형의 작도

오른쪽 그림과 같이 길이가 각각 a, c인 선분을 두 변으로 하고, ∠B를 그 끼인각으로 하는 삼각형 ABC를 작도해 보자.

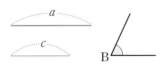

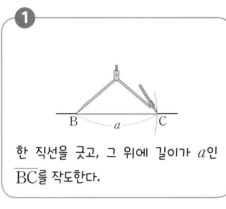

① 한 직선을 긋고, 그 위에 길이가 a인 $\overline{BC}$를 작도한다.

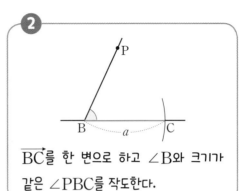

② $\overrightarrow{BC}$를 한 변으로 하고 ∠B와 크기가 같은 ∠PBC를 작도한다.

∠B를 먼저 작도한 후 두 선분을 작도할 수도 있어.

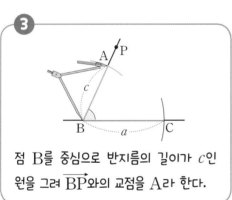

③ 점 B를 중심으로 반지름의 길이가 c인 원을 그려 $\overrightarrow{BP}$와의 교점을 A라 한다.

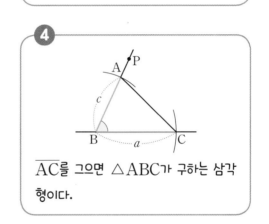

④ $\overline{AC}$를 그으면 △ABC가 구하는 삼각형이다.

주의 두 변의 길이와 그 끼인각의 크기가 주어졌을 때, 끼인각의 크기가 180°보다 크거나 같은 경우에는 삼각형이 작도되지 않는다.

길이가 정해진 한 개의 막대로 삼각형을 만들 수 있을까?

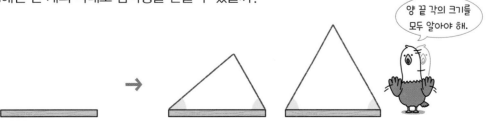

양 끝 각의 크기를 모두 알아야 해.

위와 같은 경우 막대의 양 끝 각의 크기만 안다면 삼각형은 하나로 만들어진다.

따라서 **한 변의 길이와 그 양 끝 각의 크기가 주어지면 삼각형을 하나로 작도할 수 있다.**

한 변의 길이와 그 양 끝 각의 크기가 주어진 삼각형의 작도

오른쪽 그림과 같이 길이가 a인 선분을 한 변으로 하고, ∠B와 ∠C를 그 양 끝 각으로 하는 삼각형 ABC를 작도해 보자.

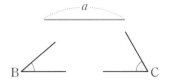

∠B → a → ∠C,
∠C → a → ∠B의
순서로 작도할 수도 있어.

❶
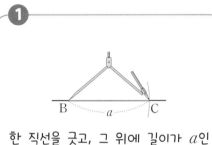
한 직선을 긋고, 그 위에 길이가 a인 $\overline{BC}$를 작도한다.

❷
$\overrightarrow{BC}$를 한 변으로 하고 ∠B와 크기가 같은 ∠PBC를 작도한다.

❸
$\overrightarrow{CB}$를 한 변으로 하고 ∠C와 크기가 같은 ∠QCB를 작도한다.

❹
$\overrightarrow{BP}$, $\overrightarrow{CQ}$의 교점을 A라 하면 △ABC가 구하는 삼각형이다.

> **주의** 한 변의 길이와 그 양 끝 각의 크기가 주어졌을 때, 두 각의 크기의 합이 180°보다 크거나 같은 경우에는 삼각형이 작도되지 않는다.

회색 글씨를
따라 쓰면서
개념을 정리해 보자!

꽉 잡아, 개념!   삼각형이 하나로 작도되는 경우는 다음 세 가지이다.

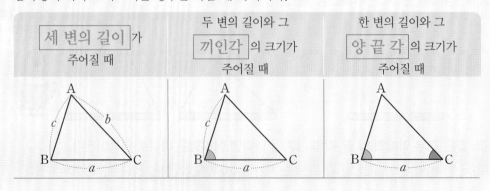

세 변의 길이 가 주어질 때	두 변의 길이와 그 끼인각 의 크기가 주어질 때	한 변의 길이와 그 양 끝 각 의 크기가 주어질 때

1 다음 그림은 세 변의 길이 a, b, c가 주어질 때, △ABC를 작도하는 과정이다. 작도 순서를 바르게 나열하시오.

직선 l을 기준으로 생각해 봐.

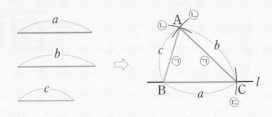

✏ **풀이** ⓒ 직선 l 위에 길이가 a인 $\overline{BC}$를 작도한다.
ⓛ 점 B를 중심으로 반지름의 길이가 c인 원을, 점 C를 중심으로 반지름의 길이가 b인 원을 각각 그린다.
ⓙ ⓛ에서 그린 두 원의 교점을 A라 하고, $\overline{AB}$, $\overline{AC}$를 긋는다.

답 ⓒ → ⓛ → ⓙ

1-1 오른쪽 그림은 두 변의 길이와 그 끼인각의 크기가 주어질 때, △ABC를 작도하는 과정이다. □ 안에 알맞은 것을 써넣으시오.

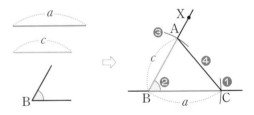

❶ 한 직선을 긋고, 그 위에 길이가 a인 □를 작도한다.

❷ $\overrightarrow{BC}$를 한 변으로 하고 □와 크기가 같은 ∠XBC를 작도한다.

❸ 점 B를 중심으로 반지름의 길이가 □인 원을 그려 $\overrightarrow{BX}$와의 교점을 □라 한다.

❹ □를 그으면 △ABC가 구하는 삼각형이다.

1-2 오른쪽 그림과 같이 한 변 AB의 길이와 ∠A, ∠B의 크기가 주어질 때, 다음 보기 중 △ABC를 작도하는 순서로 옳지 <u>않은</u> 것을 고르시오.

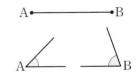

┤ 보기 ├
ㄱ. ∠A → ∠B → $\overline{AB}$
ㄴ. $\overline{AB}$ → ∠A → ∠B
ㄷ. ∠A → $\overline{AB}$ → ∠B
ㄹ. ∠B → $\overline{AB}$ → ∠A

16 삼각형이 하나로 정해지는 경우

●●어떤 경우에 삼각형이 하나로 정해질까?

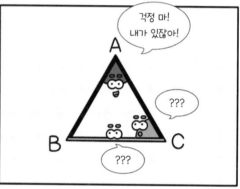

'개념 15'로부터 다음의 각 경우에 작도되는 삼각형의 모양과 크기는 하나로 정해짐을 알 수 있다.

❶ 세 변의 길이가 주어질 때
❷ 두 변의 길이와 그 끼인각의 크기가 주어질 때
❸ 한 변의 길이와 그 양 끝 각의 크기가 주어질 때

삼각형이 하나로 정해지는 경우야.

하지만 위의 만화에서처럼 ∠A, ∠C, $\overline{BC}$가 주어진 경우에도 삼각형의 모양과 크기는 하나로 정해진다.
↳ 한 변의 길이와 그 양 끝 각이 아닌 두 각의 크기

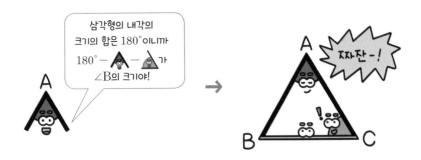

즉, 이 경우는 한 변의 길이와 그 양 끝 각의 크기가 주어진 ❸의 경우와 같음을 알 수 있다.

●● 삼각형이 하나로 정해지지 않는 경우도 있을까?

삼각형이 하나로 정해지는 세 가지 경우를 만족하지 않으면 삼각형이 만들어지지 않거나
삼각형이 여러 개 만들어짐을 몇 가지 예를 들어 살펴보자.

삼각형이 그려지지 않는다.

가장 긴 변의 길이가 나머지 두 변의 길이의 합보다 크거나 같은 경우

세 변의 길이가 2 cm, 3 cm, 6 cm일 때

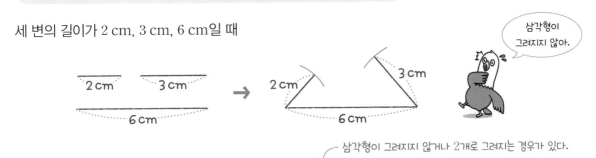

삼각형이 그려지지 않거나 2개로 그려지는 경우가 있다.

두 변의 길이와 그 끼인각이 아닌 다른 한 각의 크기가 주어진 경우

두 변의 길이가 4 cm, 3 cm이고 그 끼인각이 아닌 다른 한 각의 크기가 50°일 때

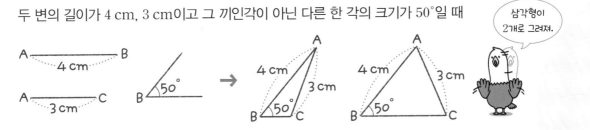

세 각의 크기가 주어진 경우 ← 모양은 같고 크기가 다른 삼각형이 무수히 많이 그려진다.

세 각의 크기가 80°, 70°, 30°일 때

 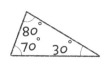 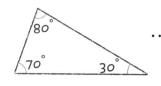 

삼각형이 무수히 많이 그려져.

💙 다음과 같은 조건이 주어질 때, △ABC가 하나로 정해지는 것은 ○표, 하나로 정해지지 않는 것은 ×표를 해 보자.

(1) $\overline{AB}=4$ cm, $\overline{BC}=3$ cm, $\overline{AC}=5$ cm ( )

(2) $\overline{AB}=7$ cm, ∠B=70°, ∠C=30° ( )

(3) ∠A=40°, $\overline{BC}=5$ cm, $\overline{AC}=6$ cm ( )

답 (1) ○ (2) ○ (3) ×

회색 글씨를 따라 쓰면서 개념을 정리해 보자!

꽉 잡아, 개념!

(1) 삼각형이 하나로 정해지는 경우

① 세 변의 길이 가 주어질 때

② 두 변의 길이와 그 끼인각 의 크기가 주어질 때

③ 한 변의 길이와 그 양 끝 각 의 크기가 주어질 때

(2) 삼각형이 하나로 정해지지 않는 경우

① 가장 긴 변의 길이가 나머지 두 변의 길이의 합보다 크거나 같을 때

② 두 변의 길이와 그 끼인각이 아닌 다른 한 각의 크기가 주어질 때

③ 세 각의 크기가 주어질 때

1 다음 보기 중 △ABC가 하나로 정해지는 것을 모두 고르시오.

┤ 보기 ├
ㄱ. $\overline{AB}=6$, $\overline{BC}=4$, $\overline{AC}=10$
ㄴ. $\overline{AB}=9$, $\overline{BC}=5$, $\angle B=80°$
ㄷ. $\angle A=30°$, $\angle B=50°$, $\angle C=100°$
ㄹ. $\overline{BC}=11$, $\angle B=65°$, $\angle C=40°$

(가장 긴 변의 길이)
< (나머지 두 변의 길이의 합)
이어야 해.

풀이 ㄱ. 세 변의 길이가 주어졌지만 가장 긴 변의 길이가 나머지 두 변의 길이의 합과 같으므로 삼각형이 그려지지 않는다.
ㄷ. 세 각의 크기가 주어졌으므로 모양은 같지만 크기가 다른 삼각형이 무수히 많이 그려진다.
이상에서 △ABC가 하나로 정해지는 것은 ㄴ, ㄹ이다.

답 ㄴ, ㄹ

1-1 오른쪽 그림과 같은 △ABC에서 $\overline{AB}$의 길이가 주어졌을 때, 다음 중 △ABC가 하나로 정해지기 위해 더 필요한 조건이 **아닌** 것은?

① $\overline{BC}$, $\overline{AC}$ ② $\overline{AC}$, $\angle A$
③ $\angle B$, $\angle C$ ④ $\overline{AC}$, $\angle C$
⑤ $\angle A$, $\angle B$

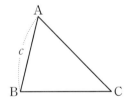

1-2 다음 보기 중 △ABC에서 $\overline{AB}=10$ cm, $\angle B=60°$일 때, △ABC가 하나로 정해지기 위해 필요한 나머지 한 조건으로 알맞은 것을 모두 고르시오.

┤ 보기 ├
ㄱ. $\overline{BC}=10$ cm   ㄴ. $\overline{AC}=9$ cm
ㄷ. $\angle C=100°$ ㄹ. $\angle A=30°$

GO!!
시작해 보자~

6
도형의 합동

#합동 #대응점 #대응변

#대응각 #△ABC≡△DEF

#삼각형의 합동 조건 #SSS 합동

#SAS 합동 #ASA 합동

준비 해 보자

▶ 정답 및 풀이 8쪽

● 다음에서 서로 합동인 도형끼리 연결하여 각 동물에 대한 북한 말을 알아보자.

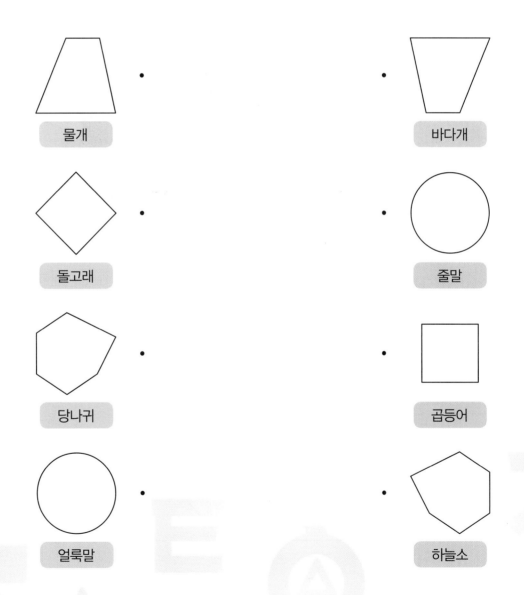

물개

바다개

돌고래

줄말

당나귀

곱등어

얼룩말

하늘소

17
도형의 합동

* QR코드를 스캔하여 개념 영상을 확인하세요.

●●합동인 두 도형은 어떻게 나타낼까?

모양과 크기가 같아서 포개었을 때 완전히 겹쳐지는 두 도형을 서로 합동이라 한다.

합동인 두 도형에서 대응하는 점을 대응점, 대응하는 변을 대응변, 대응하는 각을 대응각
이라 한다.

삼각형 ABC와 **삼각형 DEF**가 서로 **합동**일 때, 대응점의 순서를 맞추어 기
호로 다음과 같이 나타낸다.

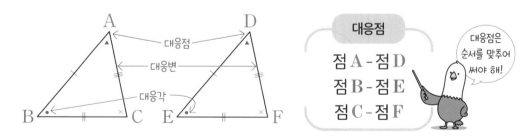

→ $\triangle ABC \equiv \triangle DEF$

 참고 • $\triangle ABC = \triangle DEF$: $\triangle ABC$와 $\triangle DEF$의 넓이가 서로 같다.
  • $\triangle ABC \equiv \triangle DEF$: $\triangle ABC$와 $\triangle DEF$는 서로 합동이다.

•• 합동인 도형은 어떤 특징이 있을까?

서로 합동인 두 도형은 모양과 크기가 같으므로 대응변의 길이와 대응각의 크기가 각각
서로 같다. 즉, $\triangle ABC \equiv \triangle DEF$일 때, 다음을 알 수 있다.

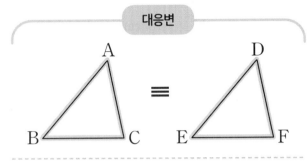

대응변

$$\overline{AB} = \overline{DE}$$
$$\overline{BC} = \overline{EF}$$
$$\overline{AC} = \overline{DF}$$

→ 대응변의 길이는 서로 같다.

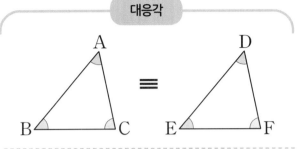

대응각

$$\angle A = \angle D$$
$$\angle B = \angle E$$
$$\angle C = \angle F$$

→ 대응각의 크기는 서로 같다.

 오른쪽 그림에서 사각형 ABCD와 사각형
EFGH가 서로 합동일 때, 다음을 구해 보자.

(1) 점 B의 대응점

(2) $\overline{AB}$의 대응변

(3) $\angle G$의 대응각

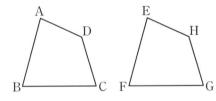

답 (1) 점 F (2) $\overline{EF}$ (3) $\angle C$

회색 글씨를
따라 쓰면서
개념을 정리해 보자!

꽉 잡아, 개념!

(1) 삼각형 ABC와 삼각형 DEF가 서로 합동일 때, 이것을 기호로
$$\boxed{\triangle ABC \equiv \triangle DEF}$$ 와 같이 나타낸다.

(2) 서로 합동인 두 도형은 대응변의 길이와 $\boxed{대응각}$ 의 크기가 각각 서로 같다.

▶ 정답 및 풀이 8쪽

1 오른쪽 그림에서 사각형 ABCD와 사각형 EFGH가 서로 합동일 때, 다음을 구하시오.

(1) $\overline{AD}$의 길이 (2) $\overline{HG}$의 길이

(3) ∠H의 크기 (4) ∠A의 크기

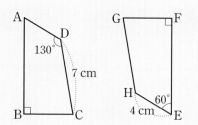

 회전시켰을 때 완전히 포개어지는 두 도형은 서로 합동임을 이용해.

✏️ **풀이** (1) $\overline{AD} = \overline{EH} = 4\,cm$

(2) $\overline{HG} = \overline{DC} = 7\,cm$

(3) ∠H = ∠D = 130°

(4) ∠A = ∠E = 60°

📋 (1) **4 cm** (2) **7 cm** (3) **130°** (4) **60°**

1-1 오른쪽 그림에서 △ABC≡△DEF일 때, 다음 중 옳지 <u>않은</u> 것은?

① $\overline{DE} = 8\,cm$　② ∠B = 40°

③ $\overline{BC} = 10\,cm$　④ ∠D = 65°

⑤ $\overline{AC} = 7\,cm$

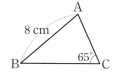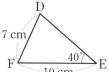

1-2 오른쪽 그림에서 △ABC≡△DEF일 때, $x+y$의 값을 구하시오.

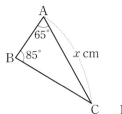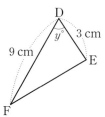

18
삼각형의 합동 조건

* QR코드를 스캔하여 개념 영상을 확인하세요.

●● 두 삼각형이 합동인지 어떻게 알 수 있을까?

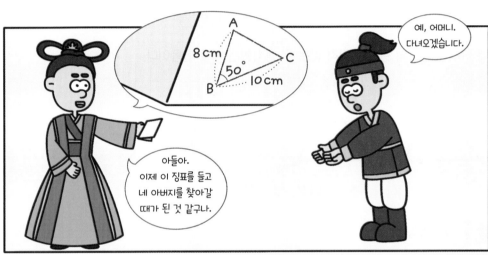

두 삼각형에서 대응하는 세 변의 길이와 세 각의 크기가 각각 같으면 두 삼각형은 서로 합동이다.
그러나 두 삼각형이 합동인지 알아보기 위해 대응하는 세 변의 길이와 세 각의 크기를 모두 비교할 필요는 없다.

다음의 각 경우에 삼각형의 모양과 크기는 하나로 정해지므로 합동인 삼각형을 작도할 수 있다.

❶ 세 변의 길이가 주어질 때

❷ 두 변의 길이와 그 끼인각의 크기가 주어질 때

❸ 한 변의 길이와 그 양 끝 각의 크기가 주어질 때

이로부터 다음과 같은 **삼각형의 합동 조건**을 얻는다.

1 SSS 합동

대응하는 세 변의 길이가 각각 같은 두 삼각형은 서로 합동이다.

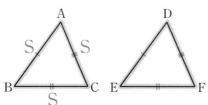

$$\overline{AB}=\overline{DE}, \quad \overline{BC}=\overline{EF}, \quad \overline{AC}=\overline{DF}$$

→ △ABC ≡ △DEF (**SSS** 합동)

2 SAS 합동

대응하는 두 변의 길이가 각각 같고, 그 끼인각의 크기가 같은 두 삼각형은 서로 합동이다.

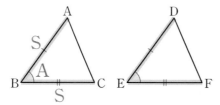

$$\overline{AB}=\overline{DE}, \quad \overline{BC}=\overline{EF}, \quad \angle B=\angle E$$

→ △ABC ≡ △DEF (**SAS** 합동)

3 ASA 합동

대응하는 한 변의 길이가 같고, 그 양 끝 각의 크기가 각각 같은 두 삼각형은 서로 합동이다.

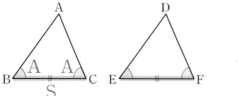

$$\overline{BC}=\overline{EF}, \quad \angle B=\angle E, \quad \angle C=\angle F$$

→ △ABC ≡ △DEF (**ASA** 합동)

다음 그림과 같은 두 삼각형이 서로 합동인지 알아보자.

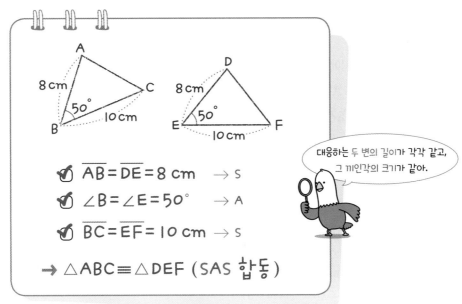

✔ $\overline{AB}=\overline{DE}=8\text{ cm}$ → S

✔ $\angle B=\angle E=50°$ → A

✔ $\overline{BC}=\overline{EF}=10\text{ cm}$ → S

→ $\triangle ABC \equiv \triangle DEF$ (SAS 합동)

대응하는 두 변의 길이가 각각 같고, 그 끼인각의 크기가 같아.

 다음 조건에서 삼각형 ABC와 삼각형 DEF 가 서로 합동이면 ○표, 합동이 아니면 ×표를 해 보자.

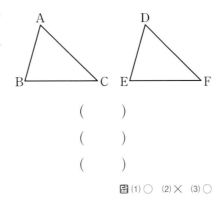

(1) $\overline{AB}=\overline{DE}$, $\overline{BC}=\overline{EF}$, $\overline{AC}=\overline{DF}$ (   )

(2) $\overline{AB}=\overline{DE}$, $\overline{AC}=\overline{DF}$, $\angle B=\angle E$ (   )

(3) $\overline{BC}=\overline{EF}$, $\angle B=\angle E$, $\angle C=\angle F$ (   )

답 (1) ○   (2) ×   (3) ○

회색 글씨를 따라 쓰면서 개념을 정리해 보자!

꽉 잡아, 개념!

삼각형의 합동 조건

(1) 대응하는 세 변의 길이가 각각 같을 때 (SSS 합동)

(2) 대응하는 두 변의 길이가 각각 같고, 그 끼인각 의 크기가 같을 때 (SAS 합동)

(3) 대응하는 한 변의 길이가 같고, 그 양 끝 각 의 크기가 각각 같을 때 (ASA 합동)

▶ 정답 및 풀이 8쪽

오른쪽 그림에서 $\overline{AB}=\overline{DE}$, ∠B=∠E일 때, 다음 중 △ABC≡△DEF이기 위해 필요한 나머지 한 조건을 모두 고르면? (정답 2개)

삼각형의 합동 조건을 생각해 봐.

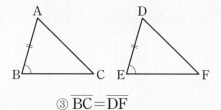

① $\overline{BC}=\overline{EF}$　　　　② $\overline{AC}=\overline{DF}$　　　　③ $\overline{BC}=\overline{DF}$

④ ∠C=∠D　　　　⑤ ∠A=∠D

🏷 **풀이**　① $\overline{BC}=\overline{EF}$이면 대응하는 두 변의 길이가 각각 같고, 그 끼인각의 크기가 같으므로 △ABC≡△DEF (SAS 합동)

⑤ ∠A=∠D이면 대응하는 한 변의 길이가 같고, 그 양 끝 각의 크기가 각각 같으므로 △ABC≡△DEF (ASA 합동)

답 ①, ⑤

1-1　다음 보기 중 서로 합동인 삼각형끼리 짝 지어 보고, 각각의 합동 조건을 말하시오.

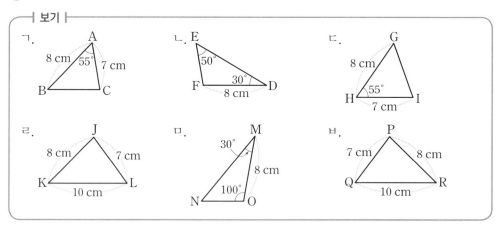

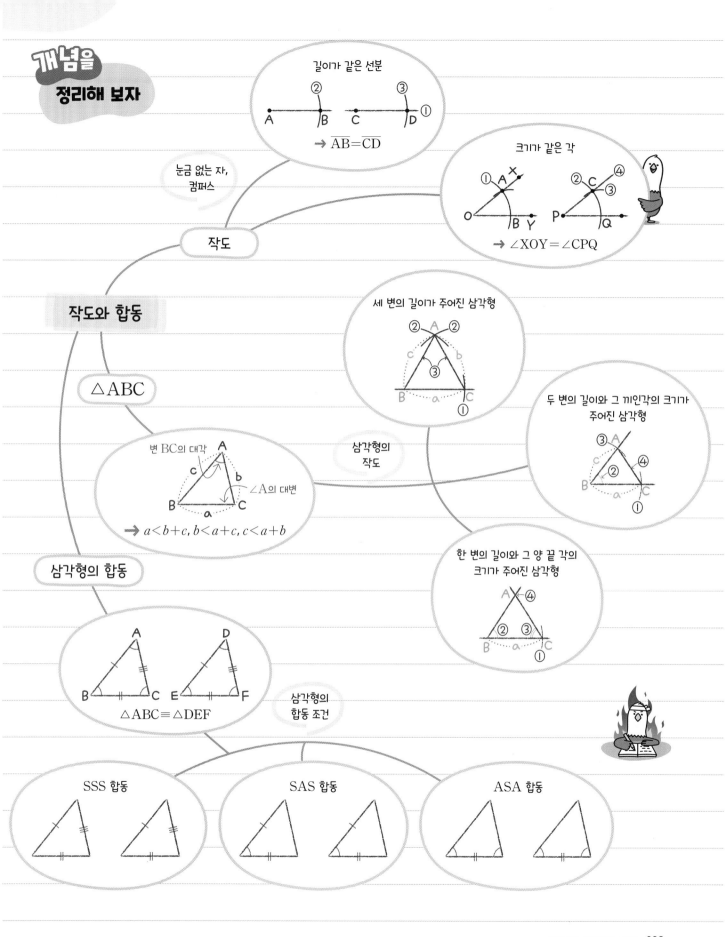

개념을
정리해 보자

길이가 같은 선분

$\rightarrow \overline{AB}=\overline{CD}$

크기가 같은 각

$\rightarrow \angle XOY = \angle CPQ$

눈금 없는 자,
컴퍼스

작도

작도와 합동

세 변의 길이가 주어진 삼각형

두 변의 길이와 그 끼인각의 크기가
주어진 삼각형

△ABC

변 BC의 대각

∠A의 대변

삼각형의
작도

$\rightarrow a<b+c, b<a+c, c<a+b$

한 변의 길이와 그 양 끝 각의
크기가 주어진 삼각형

삼각형의 합동

△ABC≡△DEF

삼각형의
합동 조건

SSS 합동

SAS 합동

ASA 합동

1 다음 중 두 점을 연결하여 선분을 그리거나 선분을 연장할 때 사용하는 작도 도구는?

① 각도기   ② 삼각자   ③ 컴퍼스

④ 줄자   ⑤ 눈금 없는 자

2 오른쪽 그림은 ∠XOY와 크기가 같고 $\overrightarrow{PQ}$를 한 변으로 하는 각을 작도한 것이다. 다음 중 길이가 나머지 넷과 다른 하나는?

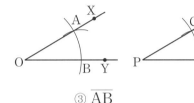

① $\overline{OA}$ ② $\overline{OB}$ ③ $\overline{AB}$

④ $\overline{PC}$ ⑤ $\overline{PD}$

3 오른쪽 그림은 직선 l 위에 있지 않은 한 점 P를 지나고 직선 l과 평행한 직선을 작도하는 과정이다. (가)~(마)에 들어갈 것으로 알맞지 <u>않은</u> 것은?

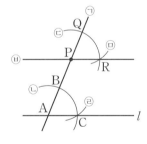

┌───┐
ⓐ 점 P를 지나는 직선을 그어 직선 l과의 교점을 A라 한다.

ⓑ 점 (가) 를 중심으로 적당한 원을 그려 $\overrightarrow{AP}$, 직선 l과의 교점을 각각 B, C라 한다.

ⓒ 점 P를 중심으로 반지름의 길이가 (나) 인 원을 그려 $\overrightarrow{AP}$와의 교점을 Q라 한다.

ⓓ (다) 의 길이를 잰다.

ⓔ 점 Q를 중심으로 반지름의 길이가 (다) 인 원을 그려 ⓒ에서 그린 원과의 교점을 (라) 라 한다.

ⓕ $\overleftrightarrow{PR}$를 긋는다. ⇨ l ∥ (마)
└───┘

① (가): A   ② (나): $\overline{AB}$ ③ (다): $\overline{BC}$

④ (라): R   ⑤ (마): $\overleftrightarrow{AP}$

4 다음 중 삼각형의 세 변의 길이가 될 수 있는 것은?

① 2 cm, 4 cm, 6 cm

② 3 cm, 6 cm, 8 cm

③ 4 cm, 6 cm, 11 cm

④ 5 cm, 7 cm, 13 cm

⑤ 6 cm, 8 cm, 14 cm

5 삼각형의 세 변의 길이가 3 cm, 8 cm, x cm일 때, x의 값의 범위는?

① $x < 3$

② $x > 3$

③ $x < 8$

④ $5 < x < 11$

⑤ $8 < x < 11$

6 오른쪽 그림은 세 변의 길이 a, b, c가 주어 졌을 때, 직선 l 위에 $\overline{BC}$가 있도록 △ABC 를 작도하는 과정이다. □ 안에 들어갈 것으 로 옳지 <u>않은</u> 것은?

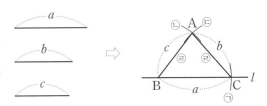

ㄱ 직선 l을 긋고 그 위에 길이가 □① 인 $\overline{BC}$를 작도한다.

ㄴ 점 B를 중심으로 반지름의 길이가 □② 인 원을 그린다.

ㄷ 점 □③ 를 중심으로 반지름의 길이가 b인 원을 그린다.

ㄹ ㄴ, ㄷ에서 그린 두 원의 교점을 □④ 라 하고 $\overline{AB}$, $\overline{AC}$를 그으면 □⑤ 가 구하는 삼각 형이다.

① a

② c

③ B

④ A

⑤ △ABC

7 다음 중 △ABC가 하나로 정해지는 것은?

① $\overline{AB} = 4$ cm, $\overline{BC} = 11$ cm, $\overline{AC} = 7$ cm

② $\overline{AB} = 5$ cm, $\overline{BC} = 13$ cm, $\overline{AC} = 6$ cm

③ $\overline{AB} = 6$ cm, $\angle B = 35°$, $\overline{BC} = 4$ cm

④ $\angle A = 60°$, $\angle B = 30°$, $\angle C = 90°$

⑤ $\overline{BC} = 6$ cm, $\angle B = 95°$, $\angle C = 85°$

8 다음 중 두 도형이 항상 합동이라고 할 수 <u>없는</u> 것은?

① 넓이가 같은 두 삼각형   ② 반지름의 길이가 같은 두 원

③ 둘레의 길이가 같은 두 정삼각형   ④ 둘레의 길이가 같은 두 원

⑤ 넓이가 같은 두 원

9 오른쪽 그림에서 △ABC≡△QCP≡△NPM일 때, 다음 중 옳지 <u>않은</u> 것은?

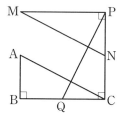

① $\overline{MP}=\overline{PC}$ ② $\overline{AC}=\overline{QP}$

③ $\overline{QB}=\overline{NC}$ ④ ∠ACB=∠PQC

⑤ ∠CAB=∠MNP

10 다음 삼각형 중 나머지 넷과 합동이 <u>아닌</u> 하나는?

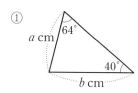
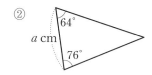
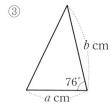

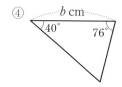
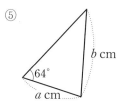

11 오른쪽 그림에서 ∠C=∠F일 때, 두 가지 조건을 추가하여 △ABC≡△DEF가 되도록 하려고 한다. 다음 중 필요한 조건이 <u>아닌</u> 것을 모두 고르면? (정답 2개)

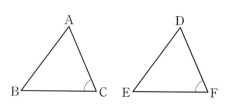

① ∠A=∠D, ∠B=∠D   ② $\overline{AC}=\overline{DF}$, ∠A=∠D   ③ $\overline{AB}=\overline{DE}$, $\overline{BC}=\overline{EF}$

④ $\overline{BC}=\overline{EF}$, ∠B=∠E   ⑤ $\overline{AC}=\overline{DF}$, $\overline{BC}=\overline{EF}$

12 오른쪽 그림에서 $\overline{AB}=\overline{CD}$, $\overline{BC}=\overline{DA}$일 때, 다음 중 옳지 <u>않은</u> 것을 모두 고르면? (정답 2개)

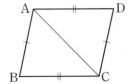

① $\overline{AB}=\overline{AD}$　　② $\triangle ABC \equiv \triangle CDA$

③ $\angle ABC=\angle CDA$　　④ $\angle ABC=\angle ACD$

⑤ $\angle BAC=\angle DCA$

13 오른쪽 그림과 같은 평행사변형 ABCD에서 $\overline{AE}=\overline{ED}$이고 $\overline{AB}$의 연장선과 $\overline{CE}$의 연장선의 교점을 F라 할 때, 다음 중 옳지 <u>않은</u> 것은?

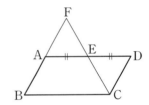

① $\triangle AEF \equiv \triangle DEC$　　② $\angle AFE=\angle DCE$

③ $\overline{FE}=\overline{CD}$　　④ $\overline{AF}/\!/\overline{CD}$

⑤ $\angle FEA=\angle CED$

14 오른쪽 그림에서 $\overrightarrow{OP}$가 $\angle AOB$의 이등분선일 때, 다음 보기 중 항상 옳은 것을 모두 고르면?

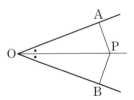

┤ 보기 ├

ㄱ. $\angle APO=\angle BPO$이면 $\overline{OA}=\overline{OB}$

ㄴ. $\overline{OA}=\overline{OP}=\overline{OB}$

ㄷ. $\overline{OA}=\overline{OB}$이면 $\overline{AP}=\overline{BP}$

ㄹ. $\overline{AP}=\overline{BP}$이면 $\overline{OA}=\overline{OB}$

① ㄱ, ㄴ　　② ㄱ, ㄷ　　③ ㄱ, ㄹ

④ ㄴ, ㄹ　　⑤ ㄷ, ㄹ

III

평면도형

차례~차례~
가 보자!!

GO!!
시작해 보자~

7
다각형

#다각형 #내각 #외각

#정다각형 #대각선의 개수

#내각의 크기의 합

#외각의 크기의 합

준비 해 보자

▶ 정답 및 풀이 10쪽

● 다음은 고대 그리스의 철학자 아리스토텔레스(B.C. 384~B.C. 322) 의 명언이다.

66

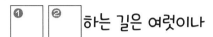

❶ ❷ 하는 길은 여럿이나

❸ ❹ 하는 길은 오직 하나다.

99

아래 설명이 맞으면 ○, 틀리면 ✕에 있는 글자를 골라 명언을 완성해 보자.

❶ 오각형의 변의 개수는 5개이고, 대각선의 개수는 2개이다.

○	✕
졸	실

❷ 한 대각선의 길이가 10 cm인 직사각형의 다른 대각선의 길이는 10 cm이다.

○	✕
패	수

❸ 직사각형은 모든 각의 크기가 같으므로 정다각형이다.

○	✕
승	성

❹ 정다각형은 변의 길이가 모두 같고, 각의 크기도 모두 같다.

○	✕
공	리

* QR코드를 스캔하여 개념 영상을 확인하세요.

19 다각형과 정다각형

●●다각형에 대하여 알아볼까?

다각형은 선분으로만 둘러싸인 평면도형이고, 다각형을 이루는 선분을 변, 변과 변이 만나는 점을 꼭짓점이라 한다.

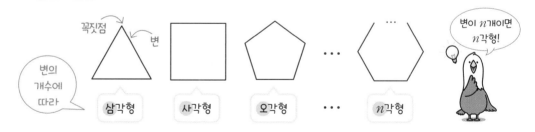

다음 보기 중 다각형인 것을 모두 골라 보자.

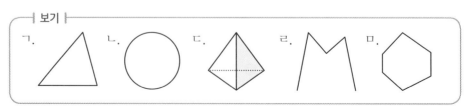

답 ㄱ, ㅁ

이번에는 다각형에서 두 변으로 이루어진 각을 알아보자.

다각형에서 이웃하는 두 변으로 이루어진 내부의 각을 다각형의 **내각**이라 한다. 또, 다각형의 각 꼭짓점에서 한 변과 그 변에 이웃한 변의 연장선으로 이루어진 각을 그 내각에 대한 **외각**이라 한다.

예를 들어 다음 그림과 같은 사각형 $ABCD$에서 내각과 $\angle C$의 외각을 찾아보자.

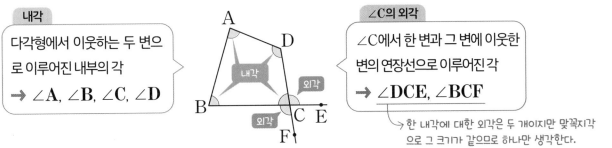

내각
다각형에서 이웃하는 두 변으로 이루어진 내부의 각
→ $\angle A$, $\angle B$, $\angle C$, $\angle D$

$\angle C$의 외각
$\angle C$에서 한 변과 그 변에 이웃한 변의 연장선으로 이루어진 각
→ $\angle DCE$, $\angle BCF$

→ 한 내각에 대한 외각은 두 개이지만 맞꼭지각으로 그 크기가 같으므로 하나만 생각한다.

한편, 다각형에서 한 변의 연장선을 그었을 때 그 꼭짓점에서 내각과 외각을 합치면 평각이 된다. 따라서 다각형의 한 꼭짓점에서 내각과 외각의 크기의 합은 $180°$이다.

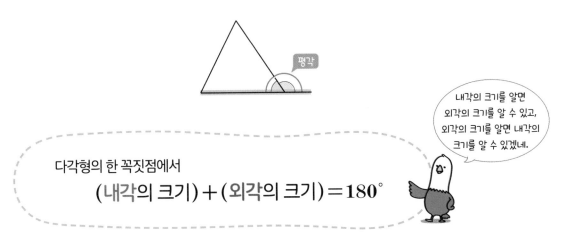

내각의 크기를 알면 외각의 크기를 알 수 있고, 외각의 크기를 알면 내각의 크기를 알 수 있겠네.

다각형의 한 꼭짓점에서
$$(\text{내각의 크기}) + (\text{외각의 크기}) = 180°$$

 오른쪽 그림과 같은 사각형 $ABCD$에서 다음에 해당하는 부분을 모두 구해 보자.

(1) 내각
(2) $\angle A$의 외각

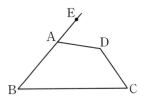

답 (1) $\angle BAD$, $\angle B$, $\angle C$, $\angle D$ (2) $\angle DAE$

●● 정다각형에 대하여 알아볼까?

다각형 중에서도 모든 변의 길이가 같고, 모든 내각의 크기가 같은 다각형을 정다각형이라 한다.

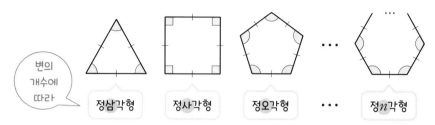

다음 보기 중 정다각형인 것을 모두 골라 보자.

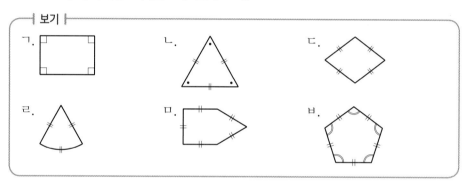

┤ 보기 ├

ㄱ.   ㄴ.   ㄷ.

ㄹ.   ㅁ.   ㅂ.

답 ㄴ, ㅂ

회색 글씨를
따라 쓰면서
개념을 정리해 보자!

꽉 잡아, 개념!

(1) **다각형:** 선분 으로만 둘러싸인 평면도형

　① 변: 다각형을 이루는 선분
　② 꼭짓점: 변과 변이 만나는 점

(2) **내각과 외각**

　① 내각: 다각형에서 이웃하는 두 변으로 이루어진 내부의 각

　② 외각: 다각형의 각 꼭짓점에서 한 변과 그 변에 이웃한 변의 연장선으로 이루어진 각

　＋참고 다각형의 한 꼭짓점에서 내각과 외각의 크기의 합은 180°이다.

(3) **정다각형:** 모든 변의 길이가 같고, 모든 내각의 크기가 같은 다각형

▶ 정답 및 풀이 10쪽

1 오른쪽 그림과 같은 사각형 ABCD에서 다음 각의 크기를 구하시오.

(1) ∠B의 내각

(2) ∠C의 외각

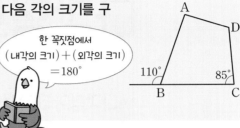

한 꼭짓점에서
(내각의 크기) + (외각의 크기)
= 180°

✏ **풀이** (1) (∠B의 내각의 크기) = 180° − (∠B의 외각의 크기) = 180° − 110° = 70°

(2) (∠C의 외각의 크기) = 180° − (∠C의 내각의 크기) = 180° − 85° = 95°

🈷 (1) **70°** (2) **95°**

1-1 오른쪽 그림에서 ∠x, ∠y의 크기를 각각 구하시오.

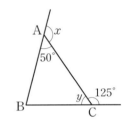

2 다음 조건을 모두 만족하는 다각형의 이름을 말하시오.

⎛ (가) 6개의 선분으로 둘러싸여 있다.

⎜ (나) 모든 변의 길이가 같다.

⎝ (다) 모든 내각의 크기가 같다.

✏ **풀이** (가)에서 6개의 선분으로 둘러싸인 다각형은 육각형이고, (나), (다)에서 모든 변의 길이가 같고, 모든 내각의 크기가 같은 다각형은 정다각형이다. 따라서 구하는 다각형은 정육각형이다.

🈷 **정육각형**

2-1 다음 보기 중 정다각형에 대한 설명으로 옳지 <u>않은</u> 것을 고르시오.

┤ 보기 ├

ㄱ. 모든 변의 길이가 같으면 정다각형이다.

ㄴ. 정다각형은 모든 외각의 크기가 같다.

ㄷ. 세 내각의 크기가 같은 삼각형은 정삼각형이다.

다각형의 대각선의 개수

* QR코드를 스캔하여 개념 영상을 확인하세요.

개념 영상

●●다각형의 대각선의 개수는 어떻게 구할까?

▶ 대각선
다각형에서 이웃하지 않
는 두 꼭짓점을 이은 선분

다각형의 대각선의 개수를 쉽게 구하는 방법을 오각형을 이용하여 알아보자.

오각형의 한 꼭짓점에서 그을 수 있는 대각선의 개수는 전체 꼭짓점의 개수에서 자기 자
신과 이웃하는 꼭짓점의 개수를 빼야 하므로 $(5-3)$개이다.
그런데 5개의 각 꼭짓점에서 그은 대각선 중 한 대각선을 중복하여 센 횟수는 제외해야
하므로 오각형의 대각선의 개수는 다음과 같다.

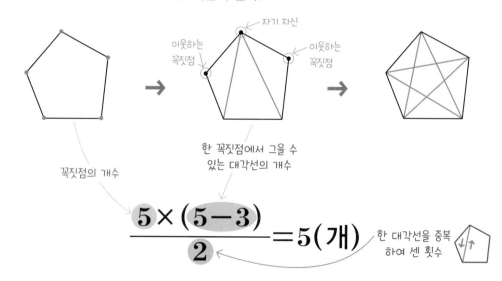

$$\frac{5 \times (5-3)}{2} = 5(\text{개})$$

일반적으로 n각형의 한 꼭짓점에서 그을 수 있는 대각선의 개수는 $(n-3)$개이다.

따라서 n각형의 대각선의 개수는 다음과 같다.

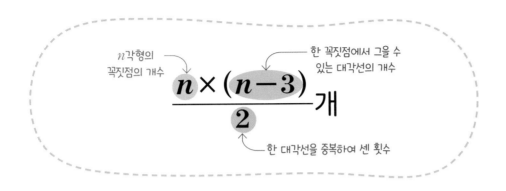

✔ 다음은 육각형의 대각선의 개수를 구하는 과정이다. □ 안에 알맞은 수를 써넣어 보자.

> 육각형의 한 꼭짓점에서 그을 수 있는 대각선의 개수는
>
> $6-\boxed{}=\boxed{}$(개)
>
> 이므로 육각형의 대각선의 개수는 $\dfrac{6\times\boxed{}}{\boxed{}}=\boxed{}$(개)이다.

📄 3, 3, 3, 2, 9

회색 글씨를
따라 쓰면서
개념을 정리해 보자!

꽉 잡아, 개념!

다각형의 대각선의 개수

(1) n각형의 한 꼭짓점에서 그을 수 있는 대각선의 개수는 ($\boxed{n-3}$)개이다.

(2) n각형의 대각선의 개수는 $\dfrac{n(n-3)}{\boxed{2}}$개이다.

 한 꼭짓점에서 그을 수 있는 대각선의 개수가 10개인 다각형에 대하여 다음 물음에 답하시오.

(1) 이 다각형의 이름을 말하시오.
(2) 이 다각형의 대각선의 개수를 구하시오.

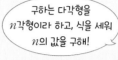
구하는 다각형을 n각형이라 하고, 식을 세워 n의 값을 구해!

✏️ **풀이** (1) 구하는 다각형을 n각형이라 하면 $n-3=10$ ∴ $n=13$
따라서 구하는 다각형은 십삼각형이다.

(2) 십삼각형의 대각선의 개수는 $\dfrac{13\times(13-3)}{2}=65$(개)이다.

📋 (1) 십삼각형 (2) 65개

1-1 한 꼭짓점에서 그을 수 있는 대각선의 개수가 13개인 다각형의 대각선의 개수를 구하시오.

 대각선의 개수가 다음과 같은 다각형의 이름을 말하시오.

(1) 14개 (2) 44개

✏️ **풀이** 구하는 다각형을 n각형이라 하면

(1) $\dfrac{n(n-3)}{2}=14$, $n(n-3)=28=7\times4$ ∴ $n=7$
따라서 구하는 다각형은 칠각형이다.

(2) $\dfrac{n(n-3)}{2}=44$, $n(n-3)=88=11\times8$ ∴ $n=11$
따라서 구하는 다각형은 십일각형이다.

📋 (1) 칠각형 (2) 십일각형

2-1 다음 조건을 모두 만족하는 다각형의 이름을 말하시오.

㈎ 모든 변의 길이가 같고, 모든 내각의 크기가 같다.
㈏ 대각선의 개수는 27개이다.

21
삼각형의 내각

* QR코드를 스캔하여 개념 영상을 확인하세요.

●● 삼각형의 세 내각의 크기의 합은 얼마일까?

삼각형의 세 내각의 크기의 합이 $180°$라는 것은 여러 가지 방법으로 확인할 수 있다.
이번에는 평행선의 성질을 이용하여 확인해 보자.

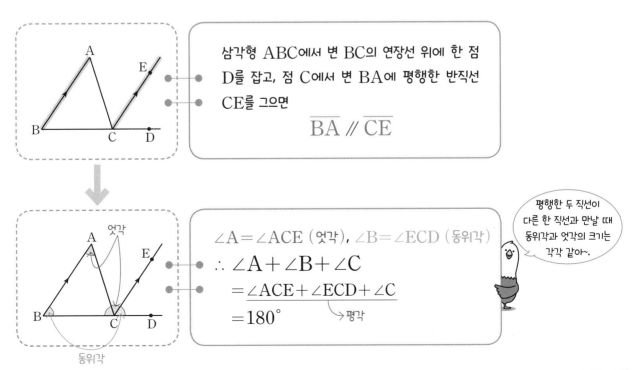

삼각형 ABC에서 변 BC의 연장선 위에 한 점 D를 잡고, 점 C에서 변 BA에 평행한 반직선 CE를 그으면

$$\overline{BA} /\!/ \overline{CE}$$

$\angle A = \angle ACE$ (엇각), $\angle B = \angle ECD$ (동위각)

$$\therefore \angle A + \angle B + \angle C$$
$$= \angle ACE + \angle ECD + \angle C$$
$$= 180°$$

평각

평행한 두 직선이 다른 한 직선과 만날 때 동위각과 엇각의 크기는 각각 같아~.

이상을 정리하면 삼각형의 세 내각의 크기의 합은 다음과 같다.

삼각형의 세 내각 중 두 내각의 크기가 주어지면 나머지 한 내각의 크기를 구할 수 있어.

삼각형의 세 내각의 크기의 합은 $180°$이다.

→ $\triangle ABC$에서
$\angle A + \angle B + \angle C = 180°$

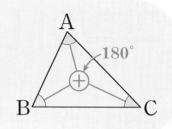

다음 그림에서 $\angle x$의 크기를 구해 보자.

(1)

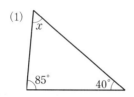

⇨ $\angle x + 85° + 40° = \boxed{}°$이므로
$\angle x = \boxed{}°$

(2)

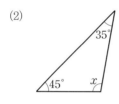

⇨ $35° + 45° + \angle x = \boxed{}°$이므로
$\angle x = \boxed{}°$

답 (1) 180, 55　(2) 180, 100

회색 글씨를 따라 쓰면서 개념을 정리해 보자!

꽉 잡아, 개념!

삼각형의 세 내각의 크기의 합

삼각형의 세 내각의 크기의 합은 $\boxed{180°}$이다.

▶ 정답 및 풀이 10쪽

1 다음 그림에서 ∠x의 크기를 구하시오.

(1)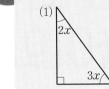

(2)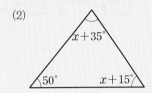

삼각형의 세 내각의 크기의 합은 180°야.

✏️ **풀이** (1) $2\angle x + 90° + 3\angle x = 180°$이므로

$5\angle x = 90°$ ∴ $\angle x = 18°$

(2) $(\angle x + 35°) + 50° + (\angle x + 15°) = 180°$이므로

$2\angle x = 80°$ ∴ $\angle x = 40°$

🔲 (1) **18°** (2) **40°**

1-1 오른쪽 그림에서 ∠x의 크기를 구하시오.

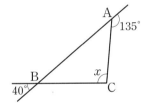

2 삼각형의 세 내각의 크기의 비가 $2 : 3 : 4$일 때, 가장 큰 내각의 크기를 구하시오.

✏️ **풀이** $180° \times \dfrac{4}{2+3+4} = 180° \times \dfrac{4}{9} = 80°$

△ABC에서
∠A : ∠B : ∠C = $a : b : c$일 때,
∠A = $180° \times \dfrac{a}{a+b+c}$야.

🔲 **80°**

 2-1 삼각형의 세 내각의 크기의 비가 $4 : 5 : 9$일 때, 가장 작은 내각의 크기를 구하시오.

* QR코드를 스캔하여 개념 영상을 확인하세요.

22
삼각형의 내각과 외각 사이의 관계

●● 삼각형의 내각과 외각 사이에는 어떤 관계가 있을까?

삼각형 ABC에서 변 BC의 연장선 위에 한 점 D를 잡았을 때, 삼각형의 내각과 외각 사이의 관계를 알아보자.

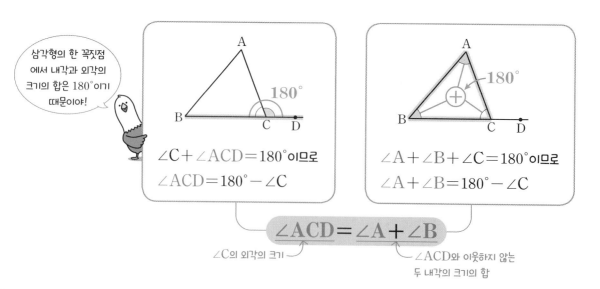

삼각형의 한 꼭짓점에서 내각과 외각의 크기의 합은 180°이기 때문이야!

$\angle C + \angle ACD = 180°$이므로
$\angle ACD = 180° - \angle C$

$\angle A + \angle B + \angle C = 180°$이므로
$\angle A + \angle B = 180° - \angle C$

$$\angle ACD = \angle A + \angle B$$

∠C의 외각의 크기

∠ACD와 이웃하지 않는 두 내각의 크기의 합

따라서 삼각형의 내각과 외각 사이에는 다음과 같은 관계가 있다.

삼각형의 한 외각의 크기는 그와 이웃하지 않는 두 내각의 크기의 합과 같다.

→ △ABC에서

$\angle ACD = \angle A + \angle B$

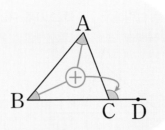

삼각형의 세 내각 중 두 내각의 크기가 주어지면 한 외각의 크기를 구할 수 있겠네.

+참고 평행선의 성질을 이용하여 삼각형의 내각과 외각 사이의 관계 알아보기
오른쪽 그림과 같이 삼각형 ABC에서 변 BC의 연장선 위에 한 점 D를 잡고, 점 C에서 변 BA에 평행한 반직선 CE를 그으면 $\overline{BA} \parallel \overline{CE}$이므로
$\angle A = \angle ACE$ (엇각), $\angle B = \angle ECD$ (동위각)
∴ $\angle ACD = \angle ACE + \angle ECD = \angle A + \angle B$
└─ ∠C의 외각의 크기   └─ ∠ACD와 이웃하지 않는 두 내각의 크기의 합

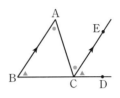

✔️ 다음 그림에서 ∠x의 크기를 구해 보자.

(1)

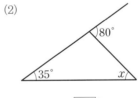

⇨ $\angle x = \boxed{}° + 60°$
$= \boxed{}°$

(2)

⇨ $80° = \boxed{}° + \angle x$
∴ $\angle x = \boxed{}°$

📋 (1) 50, 110 (2) 35, 45

회색 글씨를 따라 쓰면서 개념을 정리해 보자!

꽉 잡아, 개념!

삼각형의 내각과 외각 사이의 관계
삼각형의 한 외각의 크기는 그와 │ 이웃하지 않는 두 내각 │의 크기의 합과 같다.

 개념을 **GO.GO! 확인해 보자**

정답 및 풀이 10쪽

1 다음 그림에서 $\angle x$의 크기를 구하시오.

(1)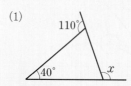

(2)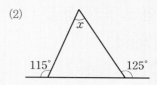

✎ **풀이** (1) $180° - 110° = 70°$이므로 $\angle x = 40° + 70° = 110°$

(2) $180° - 115° = 65°$이므로 $125° = \angle x + 65°$ ∴ $\angle x = 60°$

답 (1) $110°$ (2) $60°$

1-1 오른쪽 그림에서 $\angle x$의 크기를 구하시오.

2 오른쪽 그림에서 $\angle x$, $\angle y$의 크기를 각각 구하시오.

✎ **풀이** $130° = \angle x + 60°$이므로 $\angle x = 70°$

$130° = \angle y + 25°$이므로 $\angle y = 105°$

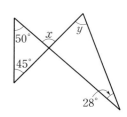

두 삼각형에서 각각
내각과 외각 사이의
관계를 이용해 봐.

답 $\angle x = 70°$, $\angle y = 105°$

2-1 오른쪽 그림에서 $\angle x$, $\angle y$의 크기를 각각 구하시오.

23 다각형의 내각

* QR코드를 스캔하여 개념 영상을 확인하세요.

●●다각형의 내각의 크기의 합은 어떻게 구할까?

다각형의 한 꼭짓점에서 대각선을 모두 그으면 다각형은 여러 개의 삼각형으로 나누어진다.

이때 삼각형의 내각의 크기의 합이 180°이므로 다각형의 내각의 크기의 합은 다음과 같다.

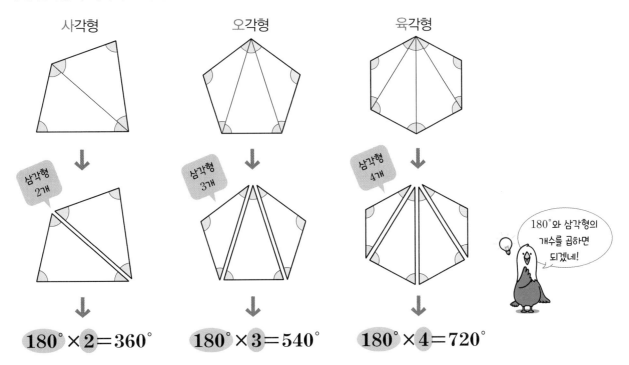

사각형	오각형	육각형
삼각형 2개	삼각형 3개	삼각형 4개
$180° \times 2 = 360°$	$180° \times 3 = 540°$	$180° \times 4 = 720°$

180°와 삼각형의 개수를 곱하면 되겠네!

일반적으로 n각형의 한 꼭짓점에서 대각선을 모두 그으면 n각형은 $(n-2)$개의 삼각형으로 나누어진다.

따라서 n각형의 내각의 크기의 합은 다음과 같다.

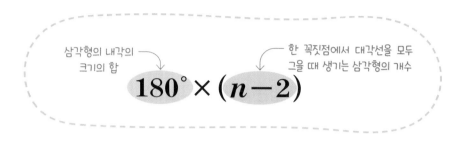

삼각형의 내각의 크기의 합

한 꼭짓점에서 대각선을 모두 그을 때 생기는 삼각형의 개수

$$180° \times (n-2)$$

n각형의 내각의 크기의 합이 $180° \times (n-2)$임을 확인하기 위한 또 다른 방법이 있다. 다음과 같은 방법으로 육각형의 내각의 크기의 합을 구해 보자.

육각형의 내부의 한 점과 각 꼭짓점을 잇는 선분을 모두 그으면 육각형은 6개의 삼각형으로 나누어진다. 이때 내부의 한 점에 모인 6개의 각의 크기의 합이 $360°$이므로 육각형의 내각의 크기의 합은 다음과 같다.

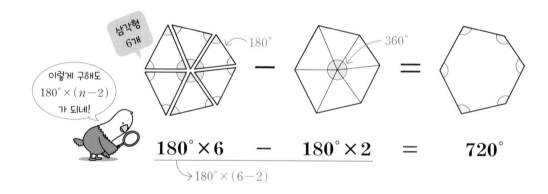

삼각형 6개

이렇게 구해도 $180° \times (n-2)$ 가 되네!

$$180° \times 6 \quad - \quad 180° \times 2 \quad = \quad 720°$$

$\rightarrow 180° \times (6-2)$

💙 다음은 팔각형의 내각의 크기의 합을 구하는 과정이다. ☐ 안에 알맞은 수를 써넣어 보자.

> 팔각형의 한 꼭짓점에서 대각선을 모두 그었을 때 생기는 삼각형의 개수는 ☐개이다.
> 삼각형의 내각의 크기의 합은 ☐°이므로 팔각형의 내각의 크기의 합은 $180° \times$ ☐$=$ ☐°이다.

🔑 6, 180, 6, 1080

●● 정다각형의 한 내각의 크기는 어떻게 구할까?

정다각형은 114쪽에서 배웠지!

정다각형은 내각의 크기가 모두 같으므로 한 내각의 크기를 구할 수 있다.

n각형의 내각의 크기의 합은 $180° \times (n-2)$이고, 정n각형은 n개의 내각의 크기가 모두 같으므로 정n각형의 한 내각의 크기는 다음과 같다.

정n각형의 내각의 크기의 합

$$\frac{180° \times (n-2)}{n}$$

정n각형의 꼭짓점의 개수

내각의 크기의 합을 꼭짓점의 개수로 나누면 돼~.

♥ 다음은 정십각형의 한 내각의 크기를 구하는 과정이다. □ 안에 알맞은 수를 써넣어 보자.

> 십각형의 내각의 크기의 합은 $180° \times \boxed{} = \boxed{}°$이고, 정십각형은 10개의 내각의 크기가 모두 같으므로 정십각형의 한 내각의 크기는 $\dfrac{\boxed{}°}{\boxed{}} = \boxed{}°$이다.

답 8, 1440, 1440, 10, 144

회색 글씨를 따라 쓰면서 개념을 정리해 보자!

꽉잡아, 개념!

(1) **다각형의 내각의 크기의 합**

(n각형의 내각의 크기의 합)$= 180° \times (\boxed{n-2})$

(2) **정다각형의 한 내각의 크기**

(정n각형의 한 내각의 크기)$= \dfrac{180° \times (n-2)}{\boxed{n}}$

▶ 정답 및 풀이 11쪽

1 내각의 크기의 합이 $1260°$인 다각형의 이름을 말하시오.

✎ **풀이** 구하는 다각형을 n각형이라 하면
$180° \times (n-2) = 1260°$, $n-2 = 7$ ∴ $n = 9$
따라서 구하는 다각형은 구각형이다.

🔑 **구각형**

1-1 한 내각의 크기가 $150°$인 정다각형은?

① 정팔각형 ② 정십각형 ③ 정십이각형
④ 정십오각형 ⑤ 정십칠각형

2 다음 그림에서 $\angle x$의 크기를 구하시오.

(1)
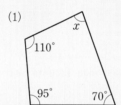

(2)
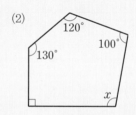

다각형의 내각의 크기의 합을 먼저 구해 봐.

✎ **풀이** (1) (사각형의 내각의 크기의 합) $= 180° \times (4-2) = 360°$
$\angle x + 110° + 95° + 70° = 360°$ ∴ $\angle x = 85°$
(2) (오각형의 내각의 크기의 합) $= 180° \times (5-2) = 540°$
$120° + 130° + 90° + \angle x + 100° = 540°$ ∴ $\angle x = 100°$

🔑 (1) $85°$ (2) $100°$

2-1 오른쪽 그림에서 $\angle x$의 크기를 구하시오.

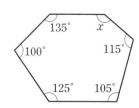

24
다각형의 외각

* QR코드를 스캔하여 개념 영상을 확인하세요.

•• 다각형의 외각의 크기의 합은 어떻게 구할까?

오각형의 내각의 크기의 합을 이용하면 오각형의 외각의 크기의 합을 구할 수 있다.

다음과 같은 방법으로 오각형의 외각의 크기의 합을 구해 보자.

오각형의 각 꼭짓점에서 내각과 외각의 크기의 합은 $180°$이고,
오각형에는 5개의 꼭짓점이 있으므로

$$\text{(내각의 크기의 합)} + \text{(외각의 크기의 합)}$$
$$= 180° \times 5 \quad \text{오각형의 꼭짓점은 5개}$$
$$= 900°$$

이다. 그런데 오각형의 내각의 크기의 합은 $180° \times (5-2) = 540°$이므로

$$\text{(외각의 크기의 합)} = 900° - \text{(내각의 크기의 합)}$$
$$= 900° - 540°$$
$$= 360°$$

이다.

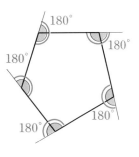

그럼 n각형의 외각의 크기의 합도 $360°$일까?

n각형의 각 꼭짓점에서 내각과 외각의 크기의 합은 $180°$이고, n각형에는 n개의 꼭짓점이 있으므로

$$(\text{내각의 크기의 합}) + (\text{외각의 크기의 합}) = 180° \times n$$

이다. 따라서 n각형의 외각의 크기의 합은 다음과 같이 구할 수 있다.

$$\begin{aligned}(\text{외각의 크기의 합}) &= 180° \times n - (\text{내각의 크기의 합}) \\ &= 180° \times n - 180° \times (n-2) \\ &= 180° \times n - 180° \times n + 360° \\ &= 360°\end{aligned}$$

이상을 정리하면 다각형의 외각의 크기의 합은 다음과 같다.

> n각형의 외각의 크기의 합은 $360°$이다.

다각형의 외각의 크기의 합은 변의 개수에 상관없이 항상 $360°$구나.

＋참고

다각형	삼각형	사각형	오각형	...	n각형
(내각의 크기의 합) + (외각의 크기의 합)	$180° \times 3$	$180° \times 4$	$180° \times 5$	...	$180° \times n$
내각의 크기의 합	$180° \times (3-2)$	$180° \times (4-2)$	$180° \times (5-2)$	...	$180° \times (n-2)$
외각의 크기의 합	$360°$	$360°$	$360°$	...	$360°$

❤️ 다음 다각형의 외각의 크기의 합을 구해 보자.

(1) 구각형

(2) 십일각형

답 (1) $360°$ (2) $360°$

●● 정다각형의 한 외각의 크기는 어떻게 구할까?

정다각형은 내각의 크기가 모두 같으므로 외각의 크기도 모두 같다.

n각형의 외각의 크기의 합은 $360°$이고, 정n각형은 n개의 외각의 크기가 모두 같으므로
정n각형의 한 외각의 크기는 다음과 같다.

다음 정다각형의 한 외각의 크기를 구해 보자.

(1) 정육각형 $\Rightarrow \dfrac{360°}{\boxed{}} = \boxed{}°$

(2) 정십오각형 $\Rightarrow \dfrac{360°}{\boxed{}} = \boxed{}°$

目 (1) 6, 60 (2) 15, 24

꽉 잡아, 개념!

(1) **다각형의 외각의 크기의 합**

((n각형의 외각의 크기의 합)) = $\boxed{360°}$

(2) **정다각형의 한 외각의 크기**

(정n각형의 한 외각의 크기) = $\dfrac{360°}{\boxed{n}}$

1 다음 그림에서 ∠x의 크기를 구하시오.

다각형의 외각의
크기의 합은 변의 개수와
상관없이 항상
일정해!

(1)
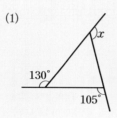

(2)
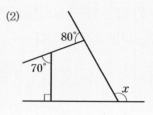

✏️ **풀이** (1) ∠x+130°+105°=360° ∴ ∠x=125°
(2) 80°+70°+90°+∠x=360° ∴ ∠x=120°

답 (1) **125°** (2) **120°**

1-1 오른쪽 그림에서 ∠x의 크기를 구하시오.

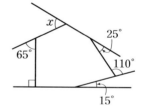

1-2 다음 그림에서 ∠x의 크기를 구하시오.

(1)
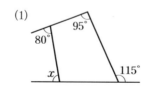

(2)
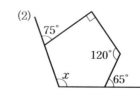

내각의 크기의
합을 이용해도 되지만
외각의 크기의 합이
더 편하겠네!

2 한 외각의 크기가 다음과 같은 정다각형의 이름을 말하시오.

(1) $20°$ (2) $36°$

구하는 정다각형을 정n각형이라 하고 식을 세워 봐.

✏️ **풀이** (1) 구하는 정다각형을 정n각형이라 하면 $\dfrac{360°}{n}=20°$ ∴ $n=18$

따라서 구하는 정다각형은 정십팔각형이다.

(2) 구하는 정다각형을 정n각형이라 하면 $\dfrac{360°}{n}=36°$ ∴ $n=10$

따라서 구하는 정다각형은 정십각형이다.

🔲 (1) 정십팔각형 (2) 정십각형

2-1 한 외각의 크기가 $45°$인 정다각형의 변의 개수를 구하시오.

 3 한 내각의 크기와 한 외각의 크기의 비가 $5:1$인 정다각형의 이름을 말하시오.

✏️ **풀이** (한 외각의 크기)$=180°\times\dfrac{1}{5+1}=180°\times\dfrac{1}{6}=30°$

구하는 정다각형을 정n각형이라 하면

$\dfrac{360°}{n}=30°$이므로 $n=12$

따라서 구하는 정다각형은 정십이각형이다.

정다각형의 한 내각의 크기와 한 외각의 크기의 비가 $m:n$이면 (한 외각의 크기)$=180°\times\dfrac{n}{m+n}$ 이야.

🔲 정십이각형

3-1 한 내각의 크기와 한 외각의 크기의 비가 $3:2$인 정다각형의 이름을 말하시오.

GO!!
시작해 보자~

8
원과 부채꼴

#원 #호 #현 #할선

#부채꼴 #활꼴 #중심각

#π #부채꼴의 호의 길이

#부채꼴의 넓이

준비 해 보자

▶ 정답 및 풀이 11쪽

● 최근 프레온 가스, 이산화탄소, 매연 등의 여러 가지 환경 파괴로 인해 지구의 평균 온도가 상승하는 현상이 나타나고 있다.

주어진 조건의 원의 넓이를 출발점으로 하는 사다리 타기를 하여 이 현상의 이름을 알아보자.

❶ 반지름의 길이: 4, 원주율: 3
❷ 반지름의 길이: 2, 원주율: 3.1
❸ 반지름의 길이: 1, 원주율: 3.14
❹ 반지름의 길이: 5, 원주율: 3
❺ 반지름의 길이: 3, 원주율: 3.1

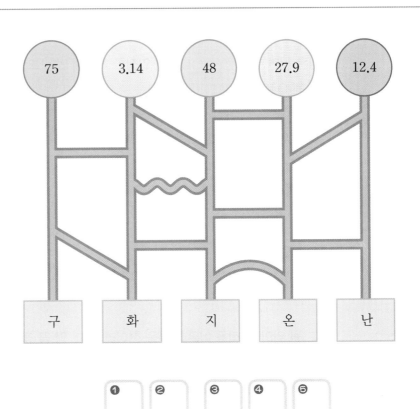

| 75 | 3.14 | 48 | 27.9 | 12.4 |

| 구 | 화 | 지 | 온 | 난 |

| ❶ | ❷ | ❸ | ❹ | ❺ |

25
원과 부채꼴

* QR코드를 스캔하여 개념 영상을 확인하세요.

●●원과 부채꼴에 대하여 알아볼까?

원은 평면 위의 한 점 O로부터 일정한 거리에 있는 모든 점으로 이루어진 도형이며, 이것을 원 O로 나타낸다. → 원의 중심

원 O 위에 두 점을 잡으면 원은 두 부분으로 나누어지는데 이 두 부분을 각각 **호**라 한다. 양 끝 점이 A, B인 호를 호 AB라 하고, 이것을 기호로

$$\overset{\frown}{AB}$$ ← 길이가 짧은 쪽의 호를 나타낸다.

와 같이 나타낸다.

길이가 긴 쪽의 호는 호 위의 한 점 C를 잡아 $\overset{\frown}{ACB}$로 나타내.

현 DE는 선분이니까 $\overline{DE}$로 나타내겠네!

또, 원 위의 두 점을 이은 선분을 **현**이라 하고, 양 끝 점이 D, E인 현을 현 DE라 한다.
이때 원의 지름은 한 원에서 길이가 가장 긴 현이다.

그리고 원 위의 두 점을 지나는 직선을 **할선**이라 한다.

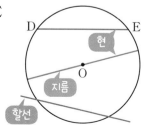

원 위에 두 점을 찍었을 때, 이 두 점을 어떻게 잇느냐에 따라 호와 현, 할선이 만들어진다.

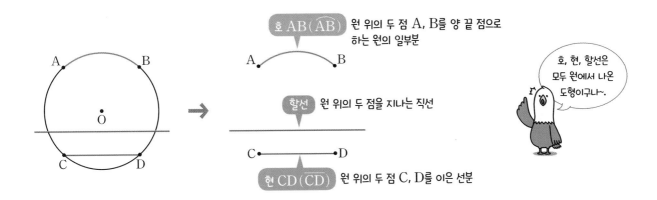

호 AB(⌢AB) 원 위의 두 점 A, B를 양 끝 점으로 하는 원의 일부분

할선 원 위의 두 점을 지나는 직선

현 CD(CD) 원 위의 두 점 C, D를 이은 선분

호, 현, 할선은 모두 원에서 나온 도형이구나~.

원 O에서 두 반지름 OA, OB와 호 AB로 이루어진 도형을 **부채꼴** AOB라 한다.
이때 두 반지름 OA, OB가 이루는 ∠AOB를 부채꼴 AOB의 **중심각** 또는 호 AB에 대한 중심각이라 하고, 호 AB를 ∠AOB 에 대한 호라 한다.

또, 원 O에서 현 CD와 호 CD로 이루어진 도형을 **활꼴**이라 한다.

부채꼴

중심각

활꼴

원에서 호와 호의 양 끝 점을 어떻게 잇느냐에 따라 부채꼴과 활꼴이 만들어진다.

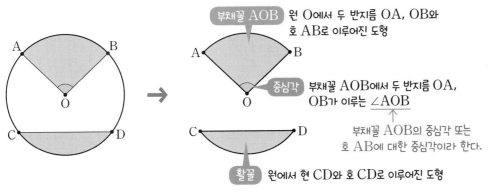

부채꼴 AOB 원 O에서 두 반지름 OA, OB와 호 AB로 이루어진 도형

중심각 부채꼴 AOB에서 두 반지름 OA, OB가 이루는 ∠AOB
↑
부채꼴 AOB의 중심각 또는 호 AB에 대한 중심각이라 한다.

활꼴 원에서 현 CD와 호 CD로 이루어진 도형

부채 모양은 부채꼴, 활 모양은 활꼴!

그럼 활꼴인 동시에 부채꼴인 도형도 있을까?

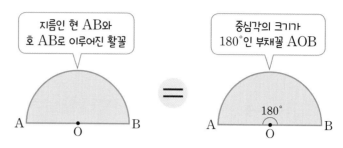

즉, 반원은 활꼴인 동시에 중심각의 크기가 180°인 부채꼴이다.

 오른쪽 그림의 원 O에 대하여 다음을 기호로 나타내 보자.

(1) 호 AB
(2) 현 CD
(3) 중심각 BOC에 대한 호
(4) $\overparen{\text{AB}}$에 대한 중심각

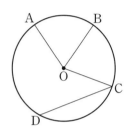

답 (1) $\overparen{\text{AB}}$ (2) $\overline{\text{CD}}$ (3) $\overparen{\text{BC}}$ (4) ∠AOB

회색 글씨를 따라 쓰면서 개념을 정리해 보자!

꽉 잡아, 개념!

(1) **호 AB**: 원 위의 두 점 A, B를 양 끝 점으로 하는 원의 일부분 ➡ $\boxed{\overparen{\text{AB}}}$

(2) **현 CD**: 원 위의 두 점 C, D를 이은 선분 ➡ $\boxed{\overline{\text{CD}}}$

(3) **할선**: 원 위의 두 점을 지나는 직선

(4) **부채꼴 AOB**: 원 O에서 두 반지름 OA, OB와 $\boxed{\text{호 AB}}$ 로 이루어진 도형

(5) **중심각**: 부채꼴 AOB에서 두 반지름 OA, OB가 이루는 각을 부채꼴 AOB의 중심각 또는 호 AB에 대한 중심각이라 한다.

(6) **활꼴**: 원 O에서 현 CD와 호 CD로 이루어진 도형

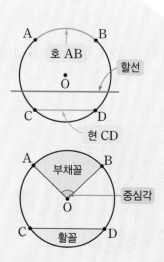

1 다음 중 오른쪽 그림과 같이 $\overline{AB}$를 지름으로 하는 원 O에 대한 설명으로 옳지 <u>않은</u> 것은?

① $\overline{OA}=\overline{OB}=\overline{OC}$

② $\overline{AB}$는 현이다.

③ 호 AC에 대한 중심각은 ∠ABC이다.

④ 중심각 ∠BOC에 대한 호는 $\overparen{BC}$이다.

⑤ 두 반지름 OA, OB와 호 AB로 이루어진 도형은 부채꼴이다.

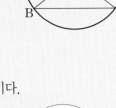

✎ **풀이** ③ 호 AC에 대한 중심각은 ∠AOC이다.

중심각의 꼭짓점은 원의 중심이야.

답 ③

1-1 다음 보기 중 오른쪽 그림의 원 O에 대한 설명으로 옳은 것을 모두 고르시오.

┤ 보기 ├

ㄱ. 원 위의 두 점 A, B를 양 끝 점으로 하는 호는 1개이다.

ㄴ. 가장 긴 현의 길이는 5 cm이다.

ㄷ. ∠AOB는 부채꼴 AOB의 중심각이다.

ㄹ. 호 AB와 현 AB로 이루어진 도형은 활꼴이다.

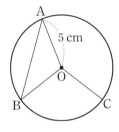

1-2 오른쪽 그림의 원 O에서 $\overline{OA}=\overline{AB}$일 때, 다음 물음에 답하시오.

⑴ △OAB는 어떤 삼각형인지 말하시오.

⑵ 호 AB에 대한 중심각의 크기를 구하시오.

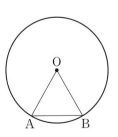

26
부채꼴의 성질

* QR코드를 스캔하여 개념 영상을 확인하세요.

개념 영상

●● 부채꼴의 중심각의 크기와 호의 길이, 넓이 사이에는 어떤 관계가 있을까?

한 원에서 중심각의 크기가 같은 두 부채꼴은 회전하면 완전히 포개어지므로 두 부채꼴의 호의 길이와 넓이는 각각 같다.

→ 서로 합동!

한편, 한 원에서 호의 길이와 넓이가 각각 같은 두 부채꼴은 그에 대한 중심각의 크기도 같다.

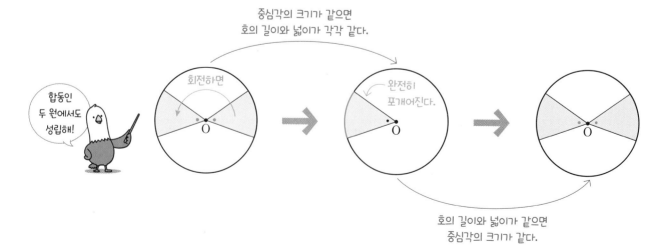

중심각의 크기가 같으면
호의 길이와 넓이가 각각 같다.

합동인
두 원에서도
성립해!

회전하면

완전히
포개어진다.

호의 길이와 넓이가 같으면
중심각의 크기가 같다.

한 원에서 **중심각의 크기가 같은** 두 부채꼴의 **호의 길이**와 **넓이**는 각각 **같다.**

한 원에서 부채꼴의 중심각의 크기가 2배, 3배, …가 되면 부채꼴의 호의 길이와 넓이도 각각 2배, 3배, …가 된다.

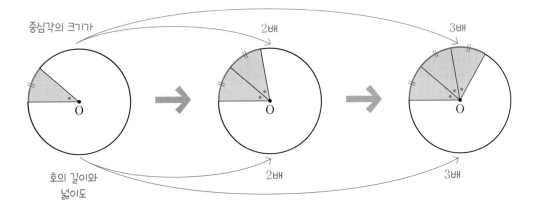

중심각의 크기가   2배   3배

호의 길이와 넓이도   2배   3배

한 원에서 부채꼴의 **호의 길이**와 **넓이**는 각각 **중심각의 크기**에 **정비례한다.**

문제를 풀 때는 비례식을 이용해.

부채꼴의 (중심각의 크기의 비) = (호의 길이의 비) = (넓이의 비)

 오른쪽 그림의 원 O에서 ∠AOB=∠BOC일 때, 다음 ☐ 안에 알맞은 것을 써넣어 보자.

(1) $\widehat{AB}=$ ☐

(2) $\widehat{AC}=$ ☐ $\widehat{AB}$

(3) (부채꼴 ☐ 의 넓이)$=2\times$(부채꼴 AOB의 넓이)

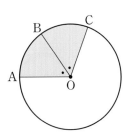

답 (1) $\widehat{BC}$ (2) 2   (3) AOC

●●부채꼴의 중심각의 크기와 현의 길이는 어떤 관계가 있을까?

한 원에서 중심각의 크기가 같은 두 부채꼴은 회전하면 완전히 포개어지므로 두 부채꼴의 현의 길이는 같다.

한편, 한 원에서 현의 길이가 같은 두 부채꼴은 그에 대한 중심각의 크기도 같다.

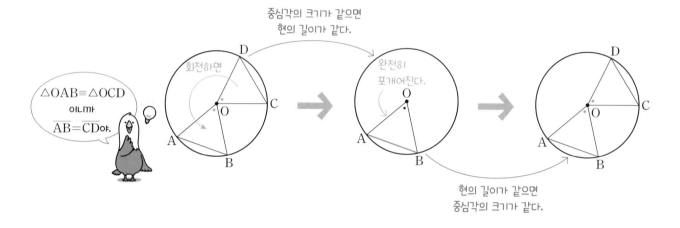

한 원에서 **중심각의 크기가 같은** 두 부채꼴의 **현의 길이**는 같다.

그럼 부채꼴의 중심각의 크기가 2배가 되면 현의 길이도 2배가 되는지 알아볼까?

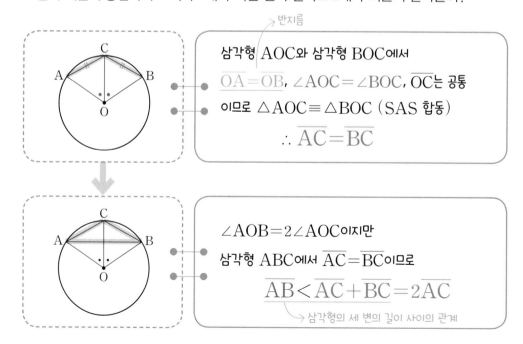

즉, 한 원에서 중심각의 크기가 2배가 되어도 현의 길이는 2배가 되지 않는다.

따라서 다음이 성립한다.

> **한 원에서 현의 길이는 중심각의 크기에 정비례하지 않는다.**

 다음 그림의 원 O에서 x의 값을 구해 보자.

(1)
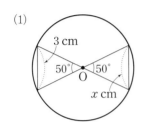

(2)
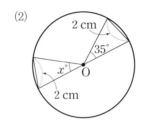

답 (1) 3 (2) 35

회색 글씨를
따라 쓰면서
개념을 정리해 보자!

꽉 잡아, 개념!

(1) **부채꼴의 중심각의 크기와 호의 길이, 넓이 사이의 관계**

　① 한 원에서 중심각의 크기가 같은 두 부채꼴의 호의 길이와 넓이는 각각 같다 .

　② 한 원에서 부채꼴의 호의 길이와 넓이는 각각 중심각의 크기에 정비례한다 .

(2) **부채꼴의 중심각의 크기와 현의 길이 사이의 관계**

　① 한 원에서 중심각의 크기가 같은 두 부채꼴의 현의 길이는 같다 .

　② 한 원에서 현의 길이는 중심각의 크기에 정비례하지 않는다 .

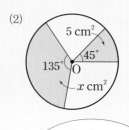

1 다음 그림의 원 O에서 x의 값을 구하시오.

(1)
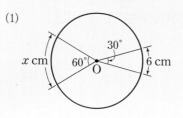

(2)

말풍선: 부채꼴의 호의 길이와 넓이는 각각 중심각의 크기에 정비례함을 이용해.

✏️ **풀이** (1) $30:60=6:x$에서 $1:2=6:x$ ∴ $x=12$
(2) $135:45=x:5$에서 $3:1=x:5$ ∴ $x=15$

답 (1) 12 (2) 15

1-1 다음 그림의 원 O에서 x의 값을 구하시오.

(1)
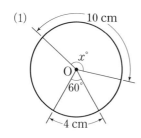

(2)
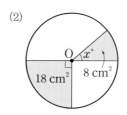

2 오른쪽 그림의 원 O에서 $\overarc{AB}:\overarc{BC}:\overarc{CA}=3:4:5$일 때, $\angle BOC$의 크기를 구하시오.

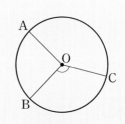

✏️ **풀이** $\angle BOC=360°\times\dfrac{4}{3+4+5}=360°\times\dfrac{4}{12}=120°$

답 120°

2-1 오른쪽 그림의 원 O에서 $\overarc{AB}:\overarc{BC}:\overarc{CA}=2:3:4$일 때, $\angle AOB$의 크기를 구하시오.

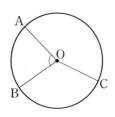

27 원의 둘레의 길이와 넓이

* QR코드를 스캔하여 개념 영상을 확인하세요.

•• 원주율을 하나의 수로 나타내 볼까?

지름의 길이가 10 cm인 원의 둘레의 길이는?

원주율은 3이니까
10 × 3
=30(cm)

원주율이 3.1이니까
10 × 3.1
=31(cm)

원주율은 3.14잖아!
10 × 3.14
=31.4(cm)

세 개가 모두 정답이네.
원주율을 하나의 수로
나타내면 편할 텐데….

원에서 지름의 길이에 대한 둘레의 길이의 비율인 원주율은 원의 크기에 상관없이 항상 일정하다.

초등학교에서는 원주율의 값을 3, 3.1, 3.14 등으로 어림하여 사용했지만 실제 원주율의 값은 3.141592653…과 같이 한없이 계속되는 소수라는 것이 알려져 있다.

이제부터 원주율을 기호로

$$\pi$$

와 같이 나타내고, 이것을 '파이'라 읽는다.

안녕?
난 파이라고 해!

$$(원주율) = \frac{(원의\ 둘레의\ 길이)}{(원의\ 지름의\ 길이)} = \pi$$

이제 원의 둘레의 길이와 넓이를 π를 이용해서 나타내 볼까?

반지름의 길이가 r인 원의 둘레의 길이를 l, 넓이를 S라 할 때, l과 S를 원주율 π를 이용하여 나타내면 다음과 같다.

(지름의 길이)
$= 2 \times$ (반지름의 길이)

(원의 둘레의 길이) $= 2 \times$ (반지름의 길이) $\times$ (원주율)
$l \qquad = 2 \times \qquad r \qquad \times \quad \pi$

$$\therefore\ l = 2\pi r$$

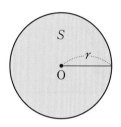

(원의 넓이) $=$ (반지름의 길이) $\times$ (반지름의 길이) $\times$ (원주율)
$S \qquad = \qquad r \qquad \times \qquad r \qquad \times \quad \pi$

$$\therefore\ S = \pi r^2$$

 오른쪽 그림과 같은 원에서 ☐ 안에 알맞은 수를 써넣어 보자.

(1) (원의 둘레의 길이) $= 2\pi \times \boxed{} = \boxed{}$ (cm)

(2) (원의 넓이) $= \pi \times \boxed{}^2 = \boxed{}$ (cm²)

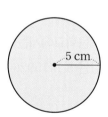

5 cm

답 (1) 5, 10π　(2) 5, 25π

회색 글씨를
따라 쓰면서
개념을 정리해 보자!

꽉 잡아, 개념!

(1) (원주율) $= \dfrac{(\text{원의 둘레의 길이})}{(\text{원의 지름의 길이})} = \boxed{\pi}$

(2) 반지름의 길이가 r인 원의 둘레의 길이를 l, 넓이를 S라 하면

$$l = \boxed{2\pi r},\ S = \boxed{\pi r^2}$$

▶ 정답 및 풀이 12쪽

1 원의 둘레의 길이가 다음과 같을 때, 원의 반지름의 길이를 구하시오.

(1) 12π cm   (2) 16π cm

반지름의 길이가 r cm인 원의 둘레의 길이는 $2\pi r$ cm야.

✎ 풀이 원의 반지름의 길이를 r cm라 하면

(1) $2\pi r = 12\pi$ ∴ $r = 6$

따라서 원의 반지름의 길이는 6 cm이다.

(2) $2\pi r = 16\pi$ ∴ $r = 8$

따라서 원의 반지름의 길이는 8 cm이다.

답 (1) 6 cm (2) 8 cm

1-1 원의 넓이가 다음과 같을 때, 원의 반지름의 길이를 구하시오.

(1) 49π cm^2 (2) 100π cm^2

2 오른쪽 그림과 같은 원에서 색칠한 부분의 둘레의 길이와 넓이를 차례대로 구하시오.

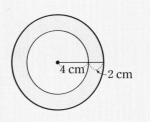

4 cm 2 cm

✎ 풀이 (색칠한 부분의 둘레의 길이) = (큰 원의 둘레의 길이) + (작은 원의 둘레의 길이)

$= 2\pi \times (4+2) + 2\pi \times 4 = 12\pi + 8\pi = 20\pi \text{(cm)}$

(색칠한 부분의 넓이) = (큰 원의 넓이) − (작은 원의 넓이)

$= \pi \times (4+2)^2 - \pi \times 4^2 = 36\pi - 16\pi = 20\pi \text{(cm}^2\text{)}$

답 20π cm, 20π cm^2

2-1 오른쪽 그림과 같은 원에서 색칠한 부분의 둘레의 길이와 넓이를 차례대로 구하시오.

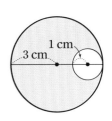

1 cm 3 cm

* QR코드를 스캔하여 개념 영상을 확인하세요.

28
부채꼴의 호의 길이와 넓이

●●부채꼴의 호의 길이와 넓이는 어떻게 구할까?

'개념 **26**'에서 한 원에서 부채꼴의 호의 길이와 넓이는 각각 중심각의 크기에 정비례한 다는 것을 배웠다.

이때 원은 중심각의 크기가 360°인 부채꼴이므로 원의 둘레의 길이와 넓이를 이용하여 부채꼴의 호의 길이와 넓이를 구할 수 있다.

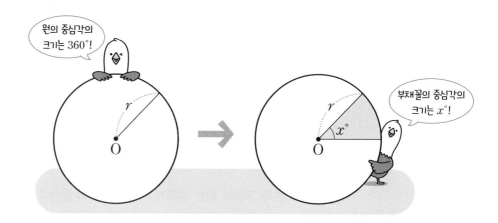

즉, 중심각의 크기가 $x°$인 부채꼴의 호의 길이와 넓이는 각각 원의 둘레의 길이와 넓이의 $\dfrac{x}{360}$ 만큼이라는 것을 추측해 볼 수 있다.

이제 부채꼴의 호의 길이와 넓이를 구해 보자.

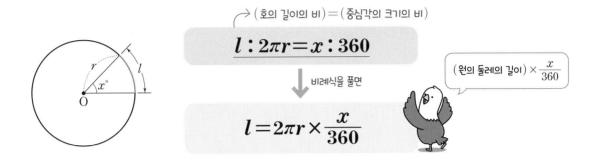

반지름의 길이가 r이고 중심각의 크기가 $x°$인 부채꼴의 호의 길이 l 구하기

→ (호의 길이의 비)＝(중심각의 크기의 비)

$$l : 2\pi r = x : 360$$

비례식을 풀면

$$l = 2\pi r \times \frac{x}{360}$$

(원의 둘레의 길이)$\times \frac{x}{360}$

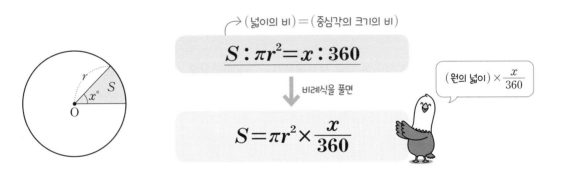

반지름의 길이가 r이고 중심각의 크기가 $x°$인 부채꼴의 넓이 S 구하기

→ (넓이의 비)＝(중심각의 크기의 비)

$$S : \pi r^2 = x : 360$$

비례식을 풀면

$$S = \pi r^2 \times \frac{x}{360}$$

(원의 넓이)$\times \frac{x}{360}$

오른쪽 그림과 같은 부채꼴에서 □ 안에 알맞은 수를 써넣어
보자.

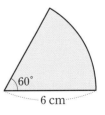

(1) (부채꼴의 호의 길이)$= 2\pi \times \square \times \dfrac{\square}{360}$

$\qquad\qquad\qquad = \square (\mathrm{cm})$

(2) (부채꼴의 넓이)$= \pi \times \square^2 \times \dfrac{\square}{360}$

$\qquad\qquad\quad = \square (\mathrm{cm}^2)$

답 (1) 6, 60, 2π (2) 6, 60, 6π

●● 부채꼴의 호의 길이와 넓이 사이에는 어떤 관계가 있을까?

부채꼴의 넓이는 반지름의 길이와 호의 길이를 이용하여 구할 수도 있다.

반지름의 길이가 r이고 호의 길이가 l인 부채꼴의 넓이를 S라 할 때, S를 r과 l을 이용하여 나타내면 다음과 같다.

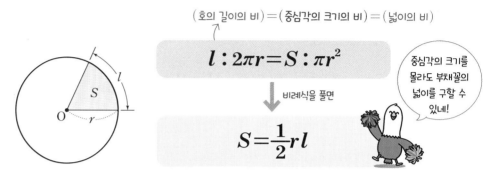

(호의 길이의 비)=(중심각의 크기의 비)=(넓이의 비)

$$l : 2\pi r = S : \pi r^2$$

비례식을 풀면

$$S = \frac{1}{2}rl$$

중심각의 크기를 몰라도 부채꼴의 넓이를 구할 수 있네!

💙 오른쪽 그림과 같은 부채꼴에서 □ 안에 알맞은 수를 써넣어 보자.

$$(\text{부채꼴의 넓이}) = \frac{1}{2} \times 4 \times \boxed{} = \boxed{} (\text{cm}^2)$$

π cm

4 cm

답 $\pi, 2\pi$

회색 글씨를 따라 쓰면서 개념을 정리해 보자!

꽉 잡아, 개념!

반지름의 길이가 r이고 중심각의 크기가 $x°$인 부채꼴의 호의 길이를 l, 넓이를 S라 하면

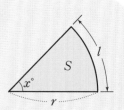

(1) $l = 2\pi r \times \boxed{\dfrac{x}{360}}$, $S = \pi r^2 \times \boxed{\dfrac{x}{360}}$

(2) $S = \frac{1}{2} r \boxed{l}$

개념을 Go.Go! **확인해 보자**

▶ 정답 및 풀이 12쪽

1 오른쪽 그림과 같은 부채꼴의 반지름의 길이를 r cm라 할 때, r의 값을 구하시오.

$l=2\pi r \times \dfrac{x}{360}$에 l, x의 값을 대입해.

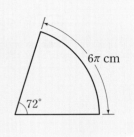

6π cm

72°

✏️ **풀이** $2\pi r \times \dfrac{72}{360}=6\pi$이므로 $r=15$

답 15

1-1 오른쪽 그림과 같은 부채꼴의 중심각의 크기를 구하시오.

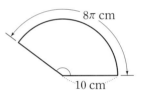

8π cm

10 cm

2 오른쪽 그림과 같은 부채꼴의 반지름의 길이를 r cm라 할 때, r의 값을 구하시오.

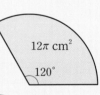

12π cm²

120°

✏️ **풀이** $\pi r^2 \times \dfrac{120}{360}=12\pi$이므로 $r=6$

$S=\pi r^2 \times \dfrac{x}{360}$에 S, x의 값을 대입해.

답 6

2-1 오른쪽 그림과 같은 부채꼴의 중심각의 크기를 구하시오.

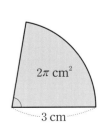

2π cm²

3 cm

3 오른쪽 그림과 같은 부채꼴의 호의 길이를 l cm라 할 때, l의 값을 구하시오.

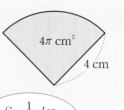

✎ **풀이** $\frac{1}{2} \times 4 \times l = 4\pi$이므로 $l = 2\pi$

$S = \frac{1}{2} rl$에 S, r의 값을 대입해.

답 2π

3-1 반지름의 길이가 6 cm이고 호의 길이가 5π cm인 부채꼴의 넓이를 구하시오.

4 오른쪽 그림에서 색칠한 부분의 둘레의 길이와 넓이를 차례대로 구하시오.

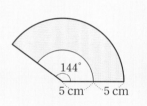

✎ **풀이** (색칠한 부분의 둘레의 길이) = (긴 호의 길이) + (짧은 호의 길이) + (선분의 길이) × 2

$$= 2\pi \times 10 \times \frac{144}{360} + 2\pi \times 5 \times \frac{144}{360} + 5 \times 2$$

$$= 8\pi + 4\pi + 10 = 12\pi + 10 \text{(cm)}$$

(색칠한 부분의 넓이) = (큰 부채꼴의 넓이) − (작은 부채꼴의 넓이)

$$= \pi \times 10^2 \times \frac{144}{360} - \pi \times 5^2 \times \frac{144}{360} = 40\pi - 10\pi = 30 \text{(cm}^2\text{)}$$

답 $(12\pi + 10)$ cm, 30π cm²

4-1 오른쪽 그림에서 색칠한 부분의 둘레의 길이와 넓이를 차례대로 구하시오.

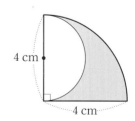

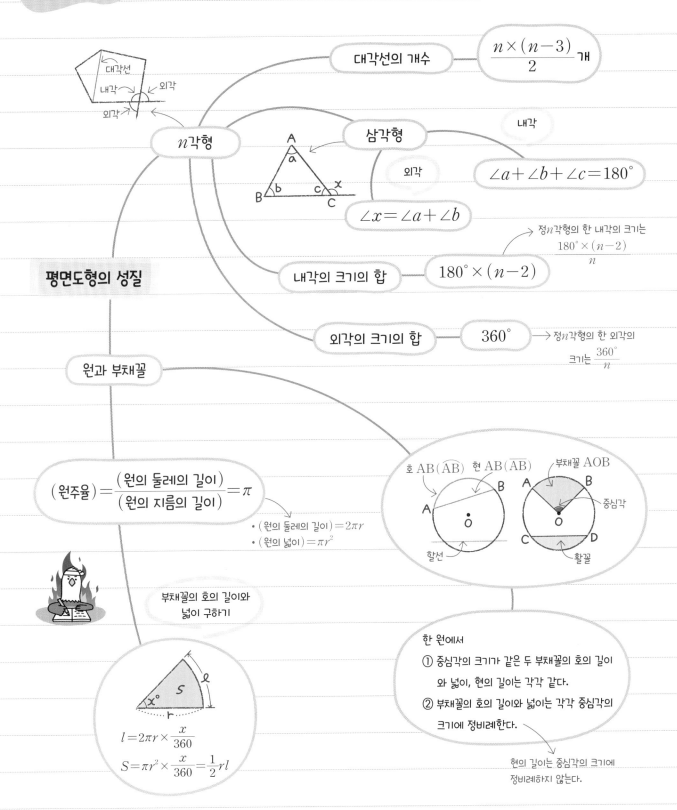

평면도형의 성질

대각선의 개수

$$\frac{n \times (n-3)}{2} \text{개}$$

n각형

대각선
내각 → 외각
외각 →

삼각형

내각
$$\angle a + \angle b + \angle c = 180°$$

외각
$$\angle x = \angle a + \angle b$$

내각의 크기의 합

$$180° \times (n-2)$$

→ 정n각형의 한 내각의 크기는
$$\frac{180° \times (n-2)}{n}$$

외각의 크기의 합

$$360°$$

→ 정n각형의 한 외각의
크기는 $\frac{360°}{n}$

원과 부채꼴

$$(\text{원주율}) = \frac{(\text{원의 둘레의 길이})}{(\text{원의 지름의 길이})} = \pi$$

• (원의 둘레의 길이) $= 2\pi r$
• (원의 넓이) $= \pi r^2$

호 AB($\overarc{AB}$) 현 AB($\overline{AB}$) 부채꼴 AOB

중심각

할선 활꼴

부채꼴의 호의 길이와 넓이 구하기

$$l = 2\pi r \times \frac{x}{360}$$
$$S = \pi r^2 \times \frac{x}{360} = \frac{1}{2} r l$$

한 원에서

① 중심각의 크기가 같은 두 부채꼴의 호의 길이
와 넓이, 현의 길이는 각각 같다.

② 부채꼴의 호의 길이와 넓이는 각각 중심각의
크기에 정비례한다.

현의 길이는 중심각의 크기에
정비례하지 않는다.

1 오른쪽 그림에서 $\angle x + \angle y$의 크기는?

① 130° ② 135°

③ 140° ④ 145°

⑤ 150°

2 다음 중 옳지 <u>않은</u> 것을 모두 고르면? (정답 2개)

① 정다각형은 모든 변의 길이가 같다.

② 꼭짓점이 8개인 정다각형은 정팔각형이다.

③ 모든 외각의 크기가 같은 다각형은 정다각형이다.

④ 정다각형은 모든 대각선의 길이가 같다.

⑤ 다각형의 한 꼭짓점에서 내각의 크기와 외각의 크기의 합은 180°이다.

3 십오각형의 한 꼭짓점에서 그을 수 있는 대각선의 개수를 a개, 대각선의 개수를 b개라 할 때, $b-a$의 값은?

① 76 ② 77 ③ 78

④ 79 ⑤ 80

4 다음 조건을 모두 만족하는 다각형은?

㉮ 대각선의 개수가 35개이다.

㉯ 모든 변의 길이가 같고 모든 내각의 크기가 같다.

① 팔각형 ② 구각형 ③ 정구각형

④ 십각형 ⑤ 정십각형

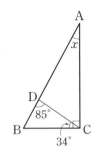

5 오른쪽 그림에서 △ABC가 직각삼각형일 때, ∠x의 크기를 구하시오.

6 오른쪽 그림에서 $\overline{AB}=\overline{AC}=\overline{CD}=\overline{DE}$이고 ∠FDE=88°
일 때, ∠x의 크기를 구하시오.

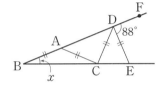

7 내각의 크기의 합이 900°인 다각형의 꼭짓점의 개수는?

① 7개   ② 8개   ③ 9개
④ 10개   ⑤ 11개

8 다음 조건을 모두 만족하는 다각형은?

> ㈎ 모든 변의 길이가 같다.
> ㈏ 모든 내각의 크기가 같다.
> ㈐ 내각의 크기의 합이 1620°이다.

① 정구각형   ② 정십각형   ③ 정십일각형
④ 정십이각형   ⑤ 정십삼각형

9 정이십각형의 한 내각의 크기를 $a°$, 정십이각형의 한 외각의 크기를 $b°$라 할 때, $a+b$의 값을 구하시오.

10 오른쪽 그림의 원 O에서 x의 값을 구하시오.

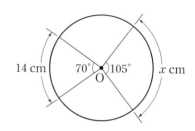

11 오른쪽 그림의 원 O에서 $\widehat{AB} : \widehat{BC} : \widehat{CA} = 4 : 5 : 9$일 때, $\angle COA$의 크기를 구하시오.

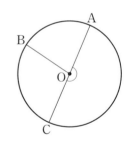

12 오른쪽 그림의 원 O에서 $\widehat{AB} : \widehat{CD} = 3 : 5$이고 부채꼴 COD의 넓이가 30 cm^2일 때, 부채꼴 AOB의 넓이를 구하시오.

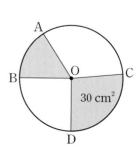

13 오른쪽 그림의 원 O에서 $\overline{AB}=\overline{BC}$, ∠OAB=70°일 때, ∠AOC
의 크기는?

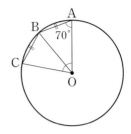

① 70°　　　　　② 75°　　　　　③ 80°

④ 85°　　　　　⑤ 90°

14 오른쪽 그림과 같이 호의 길이가 8π cm, 중심각의 크기가 240°인
부채꼴의 넓이는?

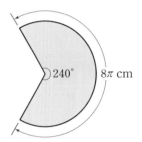

① 18π cm^2　　　　② 20π cm^2　　　　③ 22π cm^2

④ 24π cm^2　　　　⑤ 26π cm^2

15 호의 길이가 10π cm이고, 넓이가 45π cm^{2}인 부채꼴의 중심각의 크기를 구하시오.

16 오른쪽 그림과 같이 반지름의 길이가 12 cm인 원에서 색칠한 부분의
둘레의 길이와 넓이를 차례대로 구한 것은?

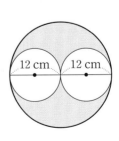

① 40π cm, 50π cm^2　　　② 44π cm, 61π cm^2

③ 48π cm, 72π cm^2　　　④ 52π cm, 85π cm^2

⑤ 56π cm, 98π cm^2

IV

입체도형

차례~차례~
가 보자!!

♪~

GO!!
시작해 보자~

9
다면체와 회전체

#다면체 #각뿔대

#정다면체 #면의 모양

#한 꼭짓점에 모인 면의 개수

#회전체 #회전축 #원뿔대

▶ 정답 및 풀이 14쪽

● 오른쪽 사진은 이탈리아에 있는 건축물로 팔각형 모양을 띠고 있으며 모서리에는 팔각형 모양의 탑이 있다. 이 건축물의 이름은 무엇일까?

다음 설명이 맞으면 ○, 틀리면 ×에 있는 글자를 골라 이 건축물의 이름을 완성해 보자.

❶ 두 밑면이 서로 평행하고 합동인 다각형으로 이루어진 기둥 모양의 입체도형은 각기둥이다.

○ 몬   × 런

❷ 밑면이 다각형이고 옆면이 모두 삼각형인 입체도형은 원뿔이다.

○ 던   × 테

❸ 두 밑면이 서로 평행하고 합동인 원이며, 옆면이 곡면인 기둥 모양의 입체도형은 원기둥이다.

○ 성   × 탑

29 다면체

* QR코드를 스캔하여 개념 영상을 확인하세요.

●●다면체란 무엇일까?

삼각뿔, 사각기둥과 같이 **다각형인 면으로만 둘러싸인 입체도형**을 **다면체**라 한다.

원기둥, 원뿔, 구는 다각형이 아닌 면으로 둘러싸여 있으므로 다면체가 아니구나.

다면체를 둘러싸고 있는 다각형 →	면	
다면체를 이루는 다각형의 변 →	모서리	
다면체를 이루는 다각형의 꼭짓점 →	꼭짓점	

다면체에서

▶ 면이 4개 이상 있어야 입체도형이 되므로 면의 개수가 가장 적은 다면체는 사면체이다.

다면체는 둘러싸인 면의 개수에 따라 사면체, 오면체, 육면체, …라 한다.
예를 들어 삼각뿔과 삼각기둥은 각각 사면체와 오면체이고, 그 전개도는 다음과 같다.

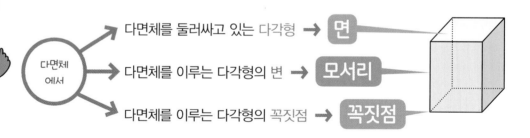

삼각뿔의 전개도

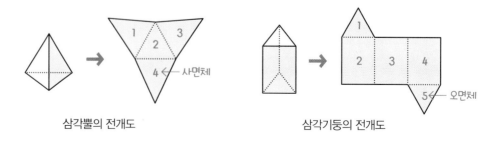

삼각기둥의 전개도

💙 다음 입체도형은 몇 면체인지 말해 보자.

(1)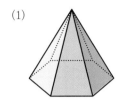

(2)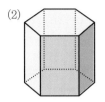

답 (1) 칠면체 (2) 팔면체

●● 다면체를 모양에 따라 분류해 볼까?

다면체는 단순히 면의 개수에 따라 오면체, 육면체, …로 입체도형을 분류한 것으로 그 모양을 떠올리기 쉽지 않다. 따라서 다면체를 모양에 따라 다음의 세 가지로 분류할 수 있다.

두 밑면은 서로 평행하면서 합동인 다각형이고 옆면은 모두 직사각형인 다면체를 각기둥이라 한다.

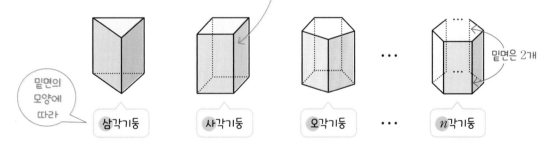

밑면이 다각형이고 옆면은 모두 삼각형인 다면체를 각뿔이라 한다.

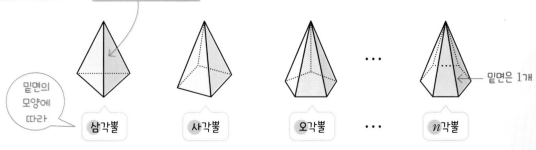

각뿔을 밑면에 평행한 평면으로 자를 때 생기는 두 입체도형 중 **각뿔이 아닌 쪽의 입체도형**을 **각뿔대**라 한다.

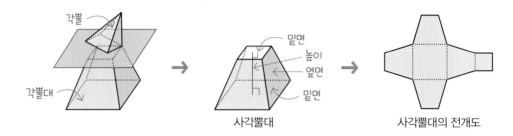

사각뿔대   사각뿔대의 전개도

각뿔대에서 서로 평행한 두 면을 밑면, 밑면이 아닌 면을 옆면이라 하며 각뿔대의 **옆면은 모두 사다리꼴**이다. 또, 두 밑면에 수직인 선분의 길이를 각뿔대의 높이라 한다.

각뿔대의 두 밑면은 모양은 같지만 크기는 다르구나.

밑면의 모양에 따라

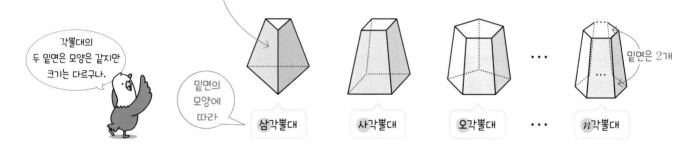

삼각뿔대   사각뿔대   오각뿔대   ··· n각뿔대

밑면은 2개

삼각기둥, 삼각뿔, 삼각뿔대에서 면, 모서리, 꼭짓점의 개수를 구하면 다음과 같다.

다면체	삼각기둥	삼각뿔	삼각뿔대
면의 개수	3+2=5(개)	3+1=4(개)	3+2=5(개)
모서리의 개수	3×3=9(개)	2×3=6(개)	3×3=9(개)
꼭짓점의 개수	2×3=6(개)	3+1=4(개)	2×3=6(개)

면의 개수는 옆면과 밑면의 개수의 합이야.

즉, 다면체의 모양에 따라 면, 모서리, 꼭짓점의 개수를 다음과 같이 구할 수 있다.

다면체	n각기둥	n각뿔	n각뿔대
면의 개수	$(n+2)$개	$(n+1)$개	$(n+2)$개
모서리의 개수	$3n$개	$2n$개	$3n$개
꼭짓점의 개수	$2n$개	$(n+1)$개	$2n$개

같다.

각기둥과 각뿔대는 면, 모서리, 꼭짓점의 개수가 각각 같다.

💙 다음 표를 완성해 보자.

다면체			
다면체의 이름	오각기둥	❶	❷
면의 개수	❸	6개	❹
모서리의 개수	15개	❺	15개
꼭짓점의 개수	10개	6개	❻

답 ❶ 오각뿔 ❷ 오각뿔대 ❸ 7개 ❹ 7개 ❺ 10개 ❻ 10개

회색 글씨를 따라 쓰면서 개념을 정리해 보자!

꽉 잡아, 개념!

(1) **다면체**: 다각형인 면으로만 둘러싸인 입체도형이며 둘러싸인 면의 개수 에 따라 사면체, 오면체, 육면체, …라 한다.

(2) **다면체의 종류**

① 각기둥: 두 밑면은 서로 평행하면서 합동인 다각형이고 옆면은 모두 직사각형인 다면체

② 각뿔: 밑면이 다각형이고 옆면은 모두 삼각형인 다면체

③ 각뿔대: 각뿔을 밑면에 평행한 평면으로 자를 때 생기는 두 입체도형 중 각뿔이 아닌 쪽의 입체도형

다면체			
	각기둥	각뿔	각뿔대
밑면의 개수	2개	1개	2개
옆면의 모양	직사각형	삼각형	사다리꼴

1 아래 보기 중 다음 도형이 해당하는 것을 모두 고르시오.

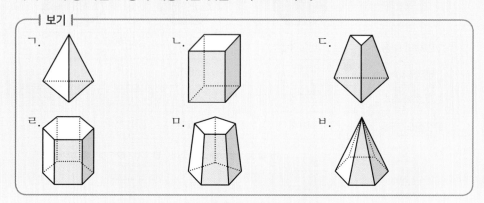

(1) 밑면이 2개인 다면체   (2) 각기둥

(3) 각뿔   (4) 각뿔대

다면체의 모양에 따라 분류해 봐.

✏️ **풀이** (1) ㄴ, ㄷ, ㄹ, ㅁ

(2) ㄴ, ㄹ

(3) ㄱ, ㅂ

(4) ㄷ, ㅁ

📋 풀이 참조

1-1 다음 중 다면체가 <u>아닌</u> 것을 모두 고르면? (정답 2개)

① 삼각기둥   ② 원기둥   ③ 육각뿔

④ 사각뿔대   ⑤ 구

1-2 다면체와 옆면의 모양이 짝 지어진 것 중 옳은 것은 ○표, 옳지 않은 것은 ×표를 하시오.

(1) 사각기둥 – 사다리꼴   (   )

(2) 오각뿔 – 삼각형   (   )

(3) 칠각뿔대 – 직사각형   (   )

▶ 정답 및 풀이 14쪽

 다음 다면체 중 칠면체인 것은?

① 오각뿔　　　　　② 오각뿔대　　　　　③ 칠각기둥

④ 칠각뿔　　　　　⑤ 팔각뿔

면의 개수를
구해 봐.

✎ 풀이　① 오각뿔은 면의 개수가 5＋1＝6(개)이므로 육면체이다.

② 오각뿔대는 면의 개수가 5＋2＝7(개)이므로 칠면체이다.

③ 칠각기둥은 면의 개수가 7＋2＝9(개)이므로 구면체이다.

④ 칠각뿔은 면의 개수가 7＋1＝8(개)이므로 팔면체이다.

⑤ 팔각뿔은 면의 개수가 8＋1＝9(개)이므로 구면체이다.

답 ②

2-1 오각기둥의 꼭짓점의 개수를 a개, 육각뿔대의 모서리의 개수를 b개라 할 때, $a＋b$의 값을 구하시오.

2-2 다음 조건을 모두 만족하는 입체도형의 이름을 말하시오.

㈎ 구면체이다.

㈏ 두 밑면이 서로 평행하다.

㈐ 옆면의 모양이 사다리꼴이다.

30 정다면체

* QR코드를 스캔하여 개념 영상을 확인하세요.

●● 정다면체란 무엇일까?

다면체 중 다음 두 조건을 모두 만족하는 다면체를 **정다면체**라 한다.

✔ 모든 면이 합동인 **정다각형**이다.
✔ 각 **꼭짓점**에 모인 **면의 개수**가 같다. ➔ **정다면체**

그럼 다음 입체도형은 정다면체일까?

✔ 모든 면이 합동인 정다각형이다.
☐ 각 꼭짓점에 모인 면의 개수가 같다.

이와 같이 정다면체는 두 조건을 모두 만족해야 하므로

정사면체, **정육**면체, **정팔**면체, **정십이**면체, **정이십**면체

의 5가지뿐이다.

정다면체를 면의 모양에 따라 살펴보면 다음과 같다.

1 면이 정삼각형인 경우

정사면체

정팔면체

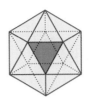
정이십면체

2 면이 정사각형인 경우

정육면체

3 면이 정오각형인 경우

정십이면체

정다면체의 종류에 따라 면, 꼭짓점, 모서리의 개수를 구하면 다음과 같다.

정다면체	정사면체	정육면체	정팔면체	정십이면체	정이십면체
면의 모양	정삼각형	정사각형	정삼각형	정오각형	정삼각형
한 꼭짓점에 모인 면의 개수	3개	3개	4개	3개	5개
면의 개수	4개	6개	8개	12개	20개
꼭짓점의 개수	4개	8개	6개	20개	12개
모서리의 개수	6개	12개	12개	30개	30개

✔ **정다면체에 대한 다음 설명 중 옳은 것은 ○표, 옳지 않은 것은 ×표를 해 보자.**

(1) 정다면체의 종류는 무수히 많다. ( )

(2) 정다면체의 각 면은 모두 합동인 정다각형으로 이루어져 있다. ( )

(3) 정다면체는 각 꼭짓점에 모인 면의 개수가 같다. ( )

답 (1) ✕ (2) ○ (3) ○

●● 정다면체의 전개도를 어떻게 그릴까?

정다면체의 전개도는 여러 가지 모양으로 그릴 수 있는데, 그중 한 가지로 그리면 다음과 같다.

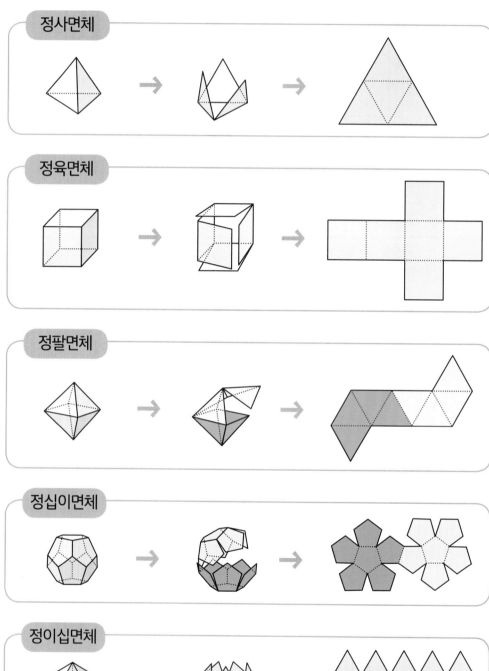

전개도를 보면 정다면체의 이름을 알 수 있어.

다음 그림과 같은 전개도로 정다면체를 만들 때, □ 안에 알맞은 것을 써넣어 보자.

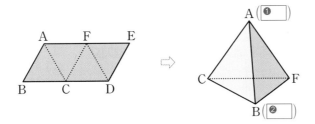

(1) 전개도로 만들어지는 정다면체의 이름은 □이다.

(2) 점 A와 겹치는 꼭짓점은 점 □이고, $\overline{AB}$와 겹치는 모서리는 □이다.

답 ❶ E ❷ D (1) 정사면체 (2) E, $\overline{ED}$

회색 글씨를 따라 쓰면서 개념을 정리해 보자!

꼭 잡아, 개념!

(1) **정다면체**: 모든 면이 합동인 정다각형 이고, 각 꼭짓점에 모인 면의 개수가 같은 다면체

(2) **정다면체의 종류**

정다면체는 정사면체, 정육면체, 정팔면체, 정십이면체, 정이십면체의 5가지뿐이다.

정다면체	정사면체	정육면체	정팔면체	정십이면체	정이십면체
면의 모양	정삼각형	정사각형	정삼각형	정오각형	정삼각형
한 꼭짓점에 모인 면의 개수	3개	3개	4개	3개	5개
면의 개수	4개	6개	8개	12개	20개
꼭짓점의 개수	4개	8개	6개	20개	12개
모서리의 개수	6개	12개	12개	30개	30개

▶ 정답 및 풀이 14쪽

1 아래 보기 중 다음 도형에 해당하는 것을 모두 고르시오.

정다면체는 면의 모양과 한 꼭짓점에 모인 면의 개수로 나누어 생각할 수 있어.

┤ 보기 ├

ㄱ. 정사면체   ㄴ. 정육면체   ㄷ. 정팔면체

ㄹ. 정십이면체   ㅁ. 정이십면체

(1) 면의 모양이 정오각형인 정다면체

(2) 한 꼭짓점에 모인 면의 개수가 3개인 정다면체

✏ **풀이** (1) ㄹ

(2) ㄱ, ㄴ, ㄹ

🔁 풀이 참조

1-1 다음 조건을 모두 만족하는 정다면체의 이름을 말하시오.

⑺ 모든 면이 합동인 정삼각형이다.

⑷ 모서리의 개수가 6개이다.

1-2 오른쪽 그림과 같은 전개도로 만들어지는 정다면체에 대한
설명으로 다음 중 옳지 <u>않은</u> 것은?

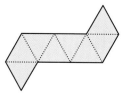

① 정팔면체이다.

② 면의 개수는 8개이다.

③ 꼭짓점의 개수는 10개이다.

④ 모서리의 개수는 12개이다.

⑤ 한 꼭짓점에 모인 면의 개수는 4개이다.

정다면체는 왜 5가지뿐일까?

정다면체가 만들어지는 경우를 다음과 같이 살펴보자.

먼저 다면체는 다음 두 조건을 모두 만족해야 한다.

☑ 한 꼭짓점에 모인 면의 개수가 3개 이상이어야 한다.

☑ 한 꼭짓점에 모인 각의 크기가 360°보다 작아야 한다.

1 면이 정삼각형인 경우

한 꼭짓점에 면이 3개, 4개, 5개까지만 모일 수 있다.

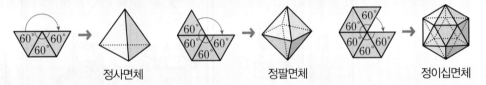

정사면체   정팔면체   정이십면체

2 면이 정사각형인 경우

한 꼭짓점에 면이 3개만 모일 수 있다.

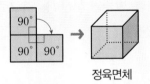

정육면체

3 면이 정오각형인 경우

한 꼭짓점에 면이 3개만 모일 수 있다.

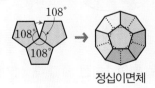

정십이면체

면이 정육각형인 경우, 정육각형의 한 내각의 크기는 120°이므로 면이 3개만 모여도 평면이 되어 정다면체를 만들 수 없다. 같은 방법으로 면이 정칠각형, 정팔각형, …인 경우에도 정다면체를 만들 수 없다.

따라서 정다면체는 위에서 만들어지는 5가지뿐이다.

31
회전체

* QR코드를 스캔하여 개념 영상을 확인하세요.

●● 회전체란 무엇일까?

다음 그림과 같이 직사각형, 직각삼각형, 반원을 직선 l을 축으로 하여 1회전 시키면 각각 원기둥, 원뿔, 구와 같은 입체도형이 생긴다.

이처럼 평면도형을 한 직선을 축으로 하여 1회전 시킬 때 생기는 입체도형을 **회전체**라 하며, 이때 축으로 사용한 직선을 **회전축**이라 한다.

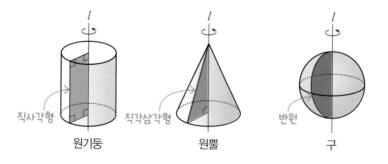

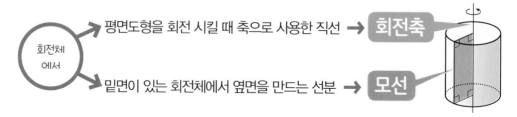

각뿔을 잘라 각뿔대를 만든 것처럼 원뿔을 밑면에 평행한 평면으로 자를 때 생기는 두 입체도형 중 원뿔이 아닌 쪽의 입체도형을 **원뿔대**라 한다.

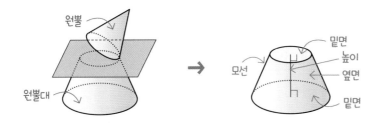

원뿔대에서 서로 평행한 두 면을 밑면, 모선을 회전시켜 생기는 면을 옆면이라 한다. 또, 두 밑면에 수직인 선분의 길이를 원뿔대의 높이라 한다.

원기둥, 원뿔처럼 원뿔대도 회전체일까?

오른쪽 그림과 같이 두 각이 직각인 사다리꼴을 직선 l을 회전축으로 하여 1회전 시키면 원뿔대가 만들어지므로 원뿔대도 회전체이다.

또, 평면도형이 회전축과 떨어져 있는 경우에는 가운데에 구멍이 뚫린 회전체가 만들어진다.

💙 다음 평면도형을 직선 l을 회전축으로 하여 1회전 시킬 때 생기는 회전체를 그려 보자.

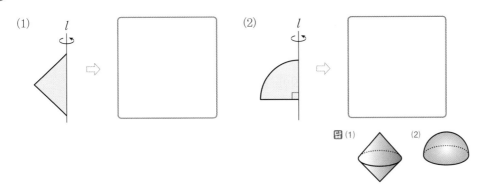

9. 다면체와 회전체 175

●●회전체에는 어떤 성질이 있을까?

회전체를 평면으로 자르는 경우는 두 가지로 나누어서 생각해 볼 수 있다.

1 회전축에 수직인 평면으로 자르는 경우

▶ 구를 자른 단면이 가장 큰 경우는 구의 중심을 지나는 평면으로 자를 때이다.

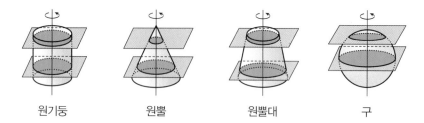

원기둥　　　원뿔　　　원뿔대　　　구

회전체를 회전축에 수직인 평면으로 자를 때 생기는 단면의 경계는 항상 **원**이다.

2 회전축을 포함하는 평면으로 자르는 경우

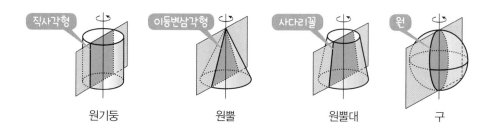

원기둥　　　원뿔　　　원뿔대　　　구

▶ 선대칭도형
한 평면도형을 어떤 직선으로 접어서 완전히 겹쳐지는 도형

회전체를 회전축을 포함하는 평면으로 자를 때 생기는 단면은 회전축을 대칭축으로 하는 **선대칭도형**이며, 모두 **합동**이다.

💗 회전체와 그 회전체에 대한 다음 설명 중 옳은 것은 ○표, 옳지 않은 것은 ×표를 해 보자.

⑴ 회전체를 회전축에 수직인 평면으로 자를 때 생기는 단면의 경계는 모두 합동인 원이다.　　　　　　　　　　　　　　　　　　（　　　）

⑵ 회전체를 회전축을 포함하는 평면으로 자를 때 생기는 단면은 선대칭도형이며, 모두 합동이다.　　　　　　　　　　　　　　　　（　　　）

답 ⑴ × ⑵ ○

●● 회전체의 전개도에 대해 알아볼까?

원기둥, 원뿔, 원뿔대의 밑면은 모두 원이므로 전개도에서 밑면은 원으로 그려진다. 하지만 다음 그림과 같이 모선을 따라 잘라 만든 옆면의 모양은 서로 다르다.

전개도에서 맞닿는 선분의 길이는 같아.

1 원기둥의 전개도

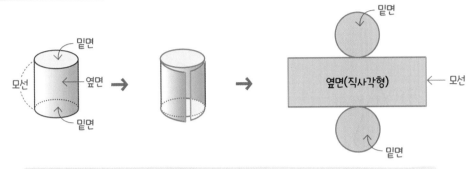

(밑면인 원의 둘레의 길이) = (옆면인 직사각형의 가로의 길이)

2 원뿔의 전개도

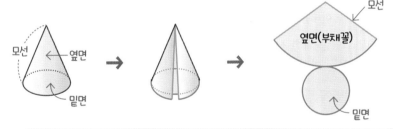

(밑면인 원의 둘레의 길이) = (옆면인 부채꼴의 호의 길이)

3 원뿔대의 전개도

▶ 구는 전개도를 그릴 수 없다.

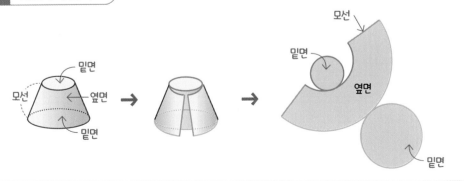

(밑면인 두 원의 둘레의 길이) = (옆면에서 곡선으로 된 두 부분의 길이)

다음 그림과 같은 회전체의 전개도에서 □ 안에 알맞은 수를 써넣어 보자.

(1)

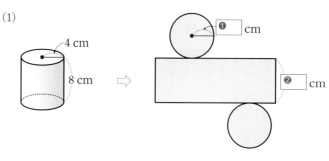

(2)

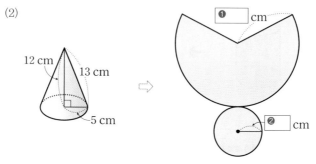

회색 글씨를 따라 쓰면서 개념을 정리해 보자!

꽉잡아, 개념!

(1) **회전체**: 평면도형을 한 직선을 축 으로 하여 1회전 시킬 때 생기는 입체도형

① 회전축: 평면도형을 회전 시킬 때 축으로 사용한 직선

② 모선: 밑면이 있는 회전체에서 옆면을 만드는 선분

(2) **원뿔대**: 원뿔을 밑면에 평행한 평면으로 자를 때 생기는 두 입체도형 중 원뿔이 아닌 쪽의 입체도형

(3) **회전체의 종류**: 원기둥, 원뿔, 원뿔대, 구 등이 있다.

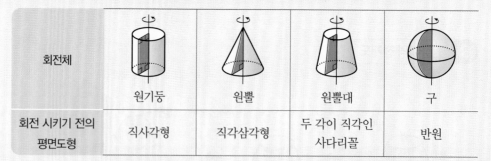

회전체	원기둥	원뿔	원뿔대	구
회전 시키기 전의 평면도형	직사각형	직각삼각형	두 각이 직각인 사다리꼴	반원

(4) **회전체의 성질**

① 회전체를 회전축에 수직인 평면으로 자를 때 생기는 단면의 경계는 항상 원 이다.

② 회전체를 회전축을 포함하는 평면으로 자를 때 생기는 단면은 회전축을 대칭축으로 하는 선대칭도형 이며, 모두 합동 이다.

▶ 정답 및 풀이 15쪽

1 다음 보기 중 회전체를 모두 고르시오.

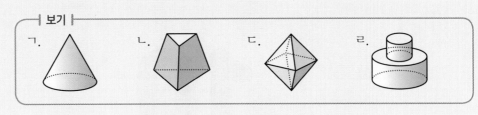

회전체는 회전하여 생기는 입체도형이지.

✏️ **풀이**   ㄴ, ㄷ은 다면체이다.

따라서 회전체를 모두 고르면 ㄱ, ㄹ이다.

🔲 ㄱ, ㄹ

1-1 다음 평면도형 중 직선 *l*을 회전축으로 하여 1회전 시킬 때, 오른쪽 그림과 같은 회전체가 생기는 것은?

①   ②   ③

④   ⑤

1-2 다음 중 회전체와 그 회전체를 회전축을 포함하는 평면으로 자를 때 생기는 단면의 모양을 짝 지은 것으로 옳지 <u>않은</u> 것은?

① 원기둥 – 직사각형   ② 원뿔 – 직각삼각형   ③ 원뿔대 – 사다리꼴
④ 반구 – 반원   ⑤ 구 – 원

GO!!
시작해 보자~

10
입체도형의
부피와 겉넓이

#기둥의 부피

#기둥의 겉넓이 #뿔의 부피

#뿔의 겉넓이 #구의 부피

#구의 겉넓이

▶ 정답 및 풀이 15쪽

● 유엔(UN)은 1992년 제47차 총회에서 점차 심각해지는 물 부족 과 수질 오염을 방지하고 물의 소중함을 되새기기 위하여 매년 이 날을 '세계 물의 날'로 정했다.

다음 ☐ 안에 알맞은 수에 해당하는 영역을 모두 색칠하여 세계 물의 날이 3월 며칠인지 알아보자.

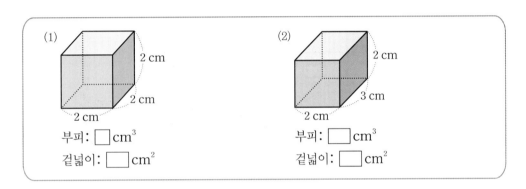

(1) 2 cm, 2 cm, 2 cm
부피: ☐ cm³
겉넓이: ☐ cm²

(2) 2 cm, 2 cm, 3 cm
부피: ☐ cm³
겉넓이: ☐ cm²

16	20	18	9	14	20	28	16	9
14	8	24	8	25	32	24	24	18
20	28	9	32	28	16	25	32	20
18	32	8	12	9	12	12	24	6
9	24	16	18	6	24	6	25	28
25	8	6	14	20	32	18	9	14
28	32	8	12	25	12	24	12	16
14	16	20	9	14	18	6	20	28

정답 ☐

32
기둥의 부피

* QR코드를 스캔하여 개념 영상을 확인하세요.

●● 각기둥의 부피는 어떻게 구할까?

직육면체를 반으로 자르면 다음 그림과 같이 크기와 모양이 같은 두 개의 삼각기둥으로 나누어진다.

따라서 삼각기둥의 부피는 다음과 같이 직육면체의 부피를 이용하여 구할 수 있다.

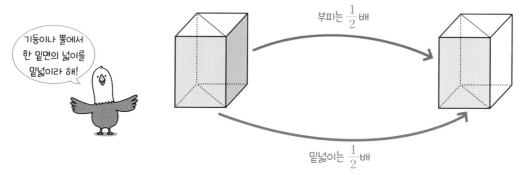

$$(삼각기둥의 \ 부피) = \frac{1}{2} \times (직육면체의 \ 부피)$$

$$= \frac{1}{2} \times (직육면체의 \ 밑넓이) \times (높이)$$

$$= (삼각기둥의 \ 밑넓이) \times (높이)$$

또, 삼각기둥이 아닌 각기둥은 다음 그림과 같이 여러 개의 삼각기둥으로 나눌 수 있으므로 로 각기둥의 부피는 나누어진 삼각기둥의 부피의 합으로 구할 수 있다.

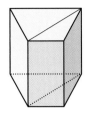 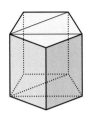 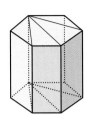

...

각기둥의 밑넓이는 나누어진 삼각기둥의 밑넓이의 합과 같아.

따라서 각기둥의 부피는 다음과 같이 구할 수 있다.

$$(\text{각기둥의 부피}) = (\text{밑넓이}) \times (\text{높이})$$

💙 오른쪽 그림과 같은 각기둥에서 □ 안에 알맞은 수를 써넣어 보자.

(1) $(\text{밑넓이}) = \dfrac{1}{2} \times \boxed{} \times 8 = \boxed{} (\text{cm}^2)$

(2) $(\text{높이}) = \boxed{}$ cm

(3) $(\text{부피}) = \boxed{} \times 10 = \boxed{} (\text{cm}^3)$

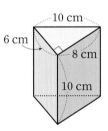

📘 (1) 6, 24 (2) 10 (3) 24, 240

●● 원기둥의 부피는 어떻게 구할까?

다음 그림과 같이 원기둥 속에 꼭 맞게 들어가는 밑면이 정다각형인 각기둥에서 밑면의 변의 수를 계속 늘려나가면 각기둥은 원기둥에 가까워진다.

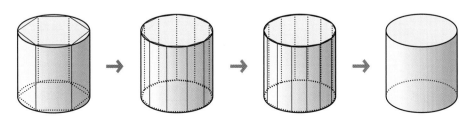

따라서 원기둥의 부피도 각기둥의 부피와 같은 방법으로 다음과 같이 구할 수 있다.

$$(원기둥의 부피) = (밑넓이) \times (높이)$$

특히, 밑면의 반지름의 길이가 r, 높이가 h인 원기둥의 부피는 다음과 같다.

$$(원기둥의 부피) = (밑넓이) \times (높이)$$
$$= \pi r^2 h$$

▶ 반지름의 길이가 r인 원의 넓이를 S라 하면
→ $S = \pi r^2$

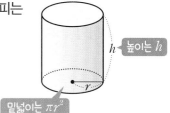

 오른쪽 그림과 같은 원기둥에서 □ 안에 알맞은 수를 써넣어 보자.

(1) (밑넓이) $= \pi \times \square^2 = \square (cm^2)$

(2) (높이) $= \square$ cm

(3) (부피) $= \square \times 6 = \square (cm^3)$

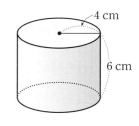

답 (1) **4**, 16π (2) **6** (3) 16π, 96π

회색 글씨를 따라 쓰면서 개념을 정리해 보자!

꽉 잡아, 개념!

각기둥의 부피

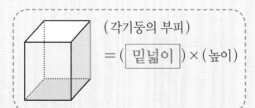
$$(각기둥의 부피)$$
$$= (\boxed{밑넓이}) \times (높이)$$

원기둥의 부피

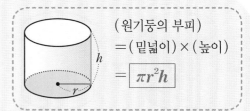
$$(원기둥의 부피)$$
$$= (밑넓이) \times (높이)$$
$$= \boxed{\pi r^2 h}$$

▶ 정답 및 풀이 15쪽

 다음 그림과 같은 기둥의 부피를 구하시오.

(1)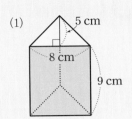

(2)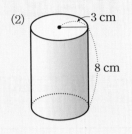

기둥의 부피는 밑넓이와 높이의 곱으로 구할 수 있어.

풀이 (1) (밑넓이)$=\dfrac{1}{2}\times 8\times 5=20(\mathrm{cm}^2)$, (높이)$=9\,\mathrm{cm}$

∴ (부피)$=20\times 9=180(\mathrm{cm}^3)$

(2) (밑넓이)$=\pi\times 3^2=9\pi(\mathrm{cm}^2)$, (높이)$=8\,\mathrm{cm}$

∴ (부피)$=9\pi\times 8=72\pi(\mathrm{cm}^3)$

답 (1) $180\,\mathrm{cm}^3$ (2) $72\pi\,\mathrm{cm}^3$

1-1 다음 그림과 같은 기둥의 부피를 구하시오.

(1)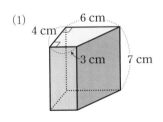

(2)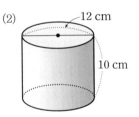

1-2 오른쪽 그림과 같이 가운데에 구멍이 뚫린 입체도형에서 다음을 구하시오.

(1) 큰 기둥의 부피

(2) 작은 기둥의 부피

(3) 입체도형의 부피

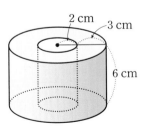

* QR코드를 스캔하여 개념 영상을 확인하세요.

33 기둥의 겉넓이

●● 각기둥의 겉넓이는 어떻게 구할까?

각기둥의 겉넓이를 구할 때는 전개도를 이용하면 편리하다.

각기둥의 전개도는 다음 그림과 같이 서로 합동인 두 개의 밑면과 직사각형 모양의 옆면으로 이루어져 있다.

이때 옆면인 직사각형의 가로의 길이는 밑면의 둘레의 길이와 같다.

따라서 각기둥의 겉넓이는 다음과 같이 구할 수 있다.

옆면 전체의 넓이를 옆넓이라 해~.

$$(각기둥의 \ 겉넓이) = (밑넓이) \times 2 + (옆넓이)$$

(밑면의 둘레의 길이) × (높이)

💙 다음 그림과 같은 각기둥과 그 전개도에서 ☐ 안에 알맞은 수를 써넣어 보자.

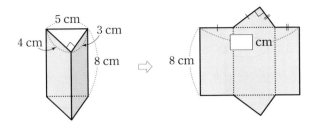

(1) (밑넓이)＝$\frac{1}{2}$×☐×3＝☐(cm²)

(2) (옆넓이)＝☐×8＝☐(cm²)

(3) (겉넓이)＝☐×2＋☐＝☐(cm²)

답 12 (1) 4, 6 (2) 12, 96 (3) 6, 96, 108

●● 원기둥의 겉넓이는 어떻게 구할까?

원기둥의 겉넓이를 구할 때도 전개도를 이용하면 편리하다.

원기둥의 전개도는 다음 그림과 같이 서로 합동인 두 개의 밑면과 직사각형 모양의 옆면 으로 이루어져 있다.

이때 옆면인 직사각형의 가로의 길이는 밑면인 원의 둘레의 길이와 같다.

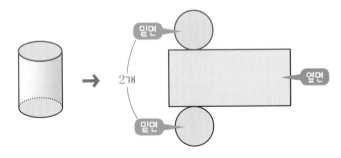

따라서 원기둥의 겉넓이도 각기둥의 겉넓이와 같은 방법으로 다음과 같이 구할 수 있다.

$$(원기둥의\ 겉넓이)＝(밑넓이)×2＋(옆넓이)$$
(밑면의 둘레의 길이) × (높이)

특히, 밑면의 반지름의 길이가 r, 높이가 h인 원기둥의 겉넓이는 다음과 같다.

▶ 반지름의 길이가 r인
원의 둘레의 길이를 l이
라 하면
→ $l = 2\pi r$

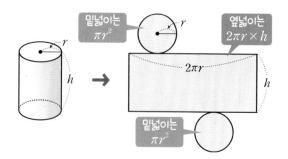

$$(\text{원기둥의 겉넓이}) = (\text{밑넓이}) \times 2 + (\text{옆넓이})$$
$$= 2\pi r^2 + 2\pi rh$$

다음 그림과 같은 원기둥과 그 전개도에서 □ 안에 알맞은 수를 써넣어 보자.

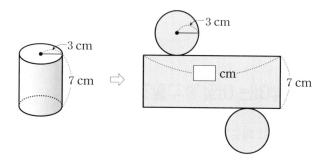

(1) $(\text{밑넓이}) = \pi \times \boxed{}^2 = \boxed{} (\text{cm}^2)$

(2) $(\text{옆넓이}) = \boxed{} \times 7 = \boxed{} (\text{cm}^2)$

(3) $(\text{겉넓이}) = \boxed{} \times 2 + \boxed{} = \boxed{} (\text{cm}^2)$

답 6π (1) $3, 9\pi$ (2) $6\pi, 42\pi$ (3) $9\pi, 42\pi, 60\pi$

회색 글씨를
따라 쓰면서
개념을 정리해 보자!

꽉 잡아, 개념!

각기둥의 겉넓이

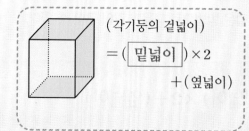

(각기둥의 겉넓이)
$= (\boxed{\text{밑넓이}}) \times 2$
$\quad + (\text{옆넓이})$

원기둥의 겉넓이

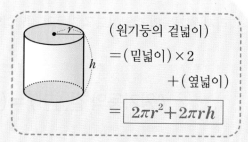

(원기둥의 겉넓이)
$= (\text{밑넓이}) \times 2$
$\quad + (\text{옆넓이})$
$= \boxed{2\pi r^2 + 2\pi rh}$

1 다음 그림과 같은 기둥의 겉넓이를 구하시오.

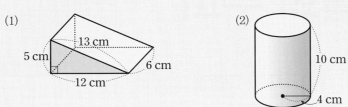

(1)

13 cm
5 cm
6 cm
12 cm

(2)

10 cm
4 cm

(기둥의 옆넓이)
=(밑면의 둘레의 길이)
×(높이)

✏️ **풀이** (1) (밑넓이)$=\frac{1}{2}\times12\times5=30(\mathrm{cm}^2)$, (옆넓이)$=(5+12+13)\times6=180(\mathrm{cm}^2)$

∴ (겉넓이)$=30\times2+180=240(\mathrm{cm}^2)$

(2) (밑넓이)$=\pi\times4^2=16\pi(\mathrm{cm}^2)$, (옆넓이)$=2\pi\times4\times10=80\pi(\mathrm{cm}^2)$

∴ (겉넓이)$=16\pi\times2+80\pi=112\pi(\mathrm{cm}^2)$

📖 (1) $240\,\mathrm{cm}^2$ (2) $112\pi\,\mathrm{cm}^2$

1-1 다음 그림과 같은 기둥의 겉넓이를 구하시오.

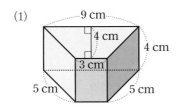

(1)

9 cm
4 cm
4 cm
3 cm
5 cm 5 cm

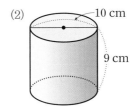

(2)

10 cm
9 cm

1-2 오른쪽 그림과 같이 가운데에 구멍이 뚫린 입체도형에서 다음을 구하시오.

(1) 밑넓이

(2) 옆넓이

(3) 겉넓이

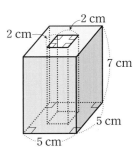

2 cm
2 cm
7 cm
5 cm
5 cm

34
뿔의 부피

* QR코드를 스캔하여 개념 영상을 확인하세요.

●● 각뿔의 부피는 어떻게 구할까?

피라미드의 부피는 사각뿔의 부피를 구하면 알 수 있다. 이제 사각뿔의 부피를 구하는 방법을 실험을 통해 알아보자.

다음 그림과 같이 사각뿔 모양의 그릇에 색 모래를 가득 채워, 밑면이 합동이고 높이가 같은 사각기둥 모양의 그릇에 옮겨 부으면 사각기둥 모양의 그릇을 세 번만에 채울 수 있다.

사각뿔의 부피는 사각기둥의 부피를 이용해서 구할 수 있겠네!

→ 사각뿔의 부피는 밑면이 합동이고 높이가 같은 사각기둥의 부피의 $\frac{1}{3}$

따라서 각뿔의 부피는 다음과 같이 구할 수 있다.

$$(각뿔의 \ 부피) = \frac{1}{3} \times (각기둥의 \ 부피)$$
$$= \frac{1}{3} \times (밑넓이) \times (높이)$$

오른쪽 그림과 같은 각뿔에서 □ 안에 알맞은 수를 써넣어 보자.

(1) (밑넓이) = □ × 4 = □ (cm²)

(2) (높이) = □ cm

(3) (부피) = $\frac{1}{3}$ × □ × 6 = □ (cm³)

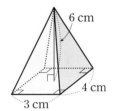

달 (1) 3, 12 (2) 6 (3) 12, 24

●• 원뿔의 부피는 어떻게 구할까?

다음 그림과 같이 원뿔 모양의 그릇에 색 모래를 가득 채워, 밑면이 합동이고 높이가 같은 원기둥 모양의 그릇에 옮겨 부으면 원기둥 모양의 그릇을 세 번만에 채울 수 있다.

원뿔의 부피는
원기둥의 부피를
이용해서
구할 수 있겠네!

→ 원뿔의 부피는 밑면이 합동이고 높이가 같은 원기둥의 부피의 $\frac{1}{3}$

따라서 원뿔의 부피도 각뿔의 부피와 같은 방법으로 다음과 같이 구할 수 있다.

$$(\text{원뿔의 부피}) = \frac{1}{3} \times (\text{원기둥의 부피})$$
$$= \frac{1}{3} \times (\text{밑넓이}) \times (\text{높이})$$

특히, 밑면의 반지름의 길이가 r, 높이가 h인 원뿔의 부피는 다음과 같다.

$$(\text{원뿔의 부피}) = \frac{1}{3} \times (\text{밑넓이}) \times (\text{높이})$$
$$= \frac{1}{3} \pi r^2 h$$

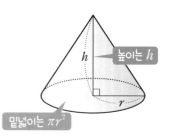

높이는 h

밑넓이는 πr^2

 오른쪽 그림과 같은 원뿔에서 □ 안에 알맞은 수를 써넣어 보자.

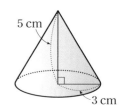

5 cm

3 cm

(1) $(\text{밑넓이}) = \pi \times \boxed{}^2 = \boxed{} (\text{cm}^2)$

(2) $(\text{높이}) = \boxed{}$ cm

(3) $(\text{부피}) = \frac{1}{3} \times \boxed{} \times 5 = \boxed{} (\text{cm}^3)$

답 (1) 3, 9π (2) 5 (3) 9π, 15π

회색 글씨를 따라 쓰면서 개념을 정리해 보자!

꽉 잡아, 개념!

각뿔의 부피

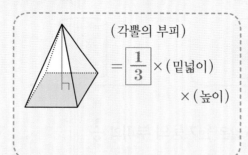

$$(\text{각뿔의 부피})$$
$$= \boxed{\frac{1}{3}} \times (\text{밑넓이})$$
$$\times (\text{높이})$$

원뿔의 부피

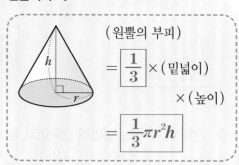

$$(\text{원뿔의 부피})$$
$$= \boxed{\frac{1}{3}} \times (\text{밑넓이})$$
$$\times (\text{높이})$$
$$= \boxed{\frac{1}{3} \pi r^2 h}$$

 1 다음 그림과 같은 뿔의 부피를 구하시오.

(1)

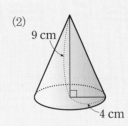

6 cm

5 cm 4 cm

(2)

9 cm

4 cm

뿔의 부피는 기둥의 부피의 $\dfrac{1}{3}$ 이야.

🔖 **풀이**　(1) (밑넓이)$=\dfrac{1}{2}\times 5\times 4=10(\mathrm{cm}^2)$, (높이)$=6\,\mathrm{cm}$

∴ (부피)$=\dfrac{1}{3}\times 10\times 6=20(\mathrm{cm}^3)$

(2) (밑넓이)$=\pi\times 4^2=16\pi(\mathrm{cm}^2)$, (높이)$=9\,\mathrm{cm}$

∴ (부피)$=\dfrac{1}{3}\times 16\pi\times 9=48\pi(\mathrm{cm}^3)$

📋 (1) **20 cm³**　(2) **48π cm³**

1-1 다음 그림과 같은 뿔의 부피를 구하시오.

(1)

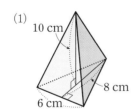

10 cm

8 cm

6 cm

(2)

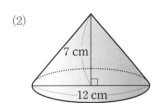

7 cm

12 cm

1-2 오른쪽 그림과 같은 사각뿔대에서 다음을 구하시오.

(1) 큰 사각뿔의 부피

(2) 잘라 낸 작은 사각뿔의 부피

(3) 사각뿔대의 부피

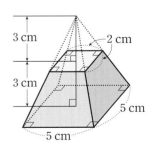

3 cm

2 cm

3 cm

5 cm

5 cm

35
뿔의 겉넓이

* QR코드를 스캔하여 개념 영상을 확인하세요.

●● 각뿔의 겉넓이는 어떻게 구할까?

각기둥의 겉넓이와 마찬가지로 각뿔의 겉넓이를 구할 때도 전개도를 이용하면 편리하다.

각뿔의 전개도는 다음 그림과 같이 한 개의 다각형인 밑면과 여러 개의 삼각형 모양의 옆면으로 이루어져 있다.

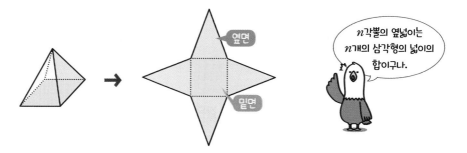

따라서 각뿔의 겉넓이는 다음과 같이 구할 수 있다.

$$(각뿔의\ 겉넓이) = (밑넓이) + (옆넓이)$$

💙 다음 그림과 같은 각뿔과 그 전개도에서 ☐ 안에 알맞은 수를 써넣어 보자.

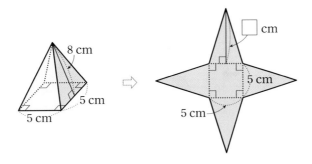

(1) (밑넓이)$= 5 \times \boxed{} = \boxed{} (\text{cm}^2)$

(2) (옆넓이)$= \left(\dfrac{1}{2} \times \boxed{} \times 8 \right) \times \boxed{} = \boxed{} (\text{cm}^2)$

(3) (겉넓이)$= \boxed{} + \boxed{} = \boxed{} (\text{cm}^2)$

답 8 (1) 5, 25 (2) 5, 4, 80 (3) 25, 80, 105

●● 원뿔의 겉넓이는 어떻게 구할까?

원뿔의 겉넓이를 구할 때도 전개도를 이용하면 편리하다.

원뿔의 전개도는 다음 그림과 같이 한 개의 원 모양의 밑면과 부채꼴 모양의 옆면으로 이루어져 있다. 이때 옆면은 원뿔의 모선의 길이를 반지름으로 하는 부채꼴이며, 부채꼴의 호의 길이는 밑면인 원의 둘레의 길이와 같다.

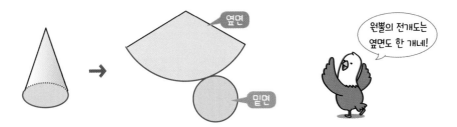

원뿔의 전개도는 옆면도 한 개네!

따라서 원뿔의 겉넓이도 각뿔의 겉넓이와 마찬가지로 다음과 같이 구할 수 있다.

$$(\text{원뿔의 겉넓이}) = (\text{밑넓이}) + (\text{옆넓이})$$

▶ (부채꼴의 넓이)
  $= \frac{1}{2} \times$ (반지름의 길이)
    $\times$ (호의 길이)

특히, 밑면의 반지름의 길이가 r, 모선의 길이가 l인 원뿔의 겉넓이는 다음과 같다.

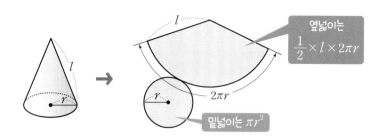

옆넓이는 $\frac{1}{2} \times l \times 2\pi r$

밑넓이는 πr^2

$$(원뿔의 겉넓이) = (밑넓이) + (옆넓이)$$
$$= \pi r^2 + \pi r l$$

✔ 다음 그림과 같은 원뿔과 그 전개도에서 □ 안에 알맞은 수를 써넣어 보자.

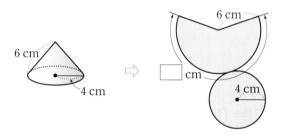

(1) (밑넓이) $= \pi \times \boxed{}^2 = \boxed{}$ (cm^2)

(2) (옆넓이) $= \frac{1}{2} \times 6 \times \boxed{} = \boxed{}$ (cm^2)

(3) (겉넓이) $= \boxed{} + \boxed{} = \boxed{}$ (cm^2)

🔖 8π (1) $4, 16\pi$ (2) $8\pi, 24\pi$ (3) $16\pi, 24\pi, 40\pi$

회색 글씨를 따라 쓰면서 개념을 정리해 보자!

꽉 잡아, 개념!

각뿔의 겉넓이

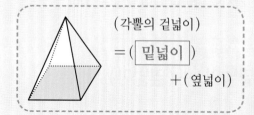

(각뿔의 겉넓이)
$=$ (밑넓이)
  $+$ (옆넓이)

원뿔의 겉넓이

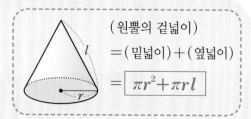

(원뿔의 겉넓이)
$=$ (밑넓이) $+$ (옆넓이)
$= \pi r^2 + \pi r l$

 다음 그림과 같은 뿔의 겉넓이를 구하시오.

(1)
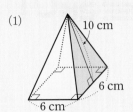
10 cm
6 cm
6 cm

(2)
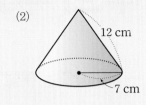
12 cm
7 cm

뿔의 겉넓이는
밑넓이와 옆넓이의
합임을 이용해.

✏ 풀이 (1) (밑넓이)$=6 \times 6 = 36 (\mathrm{cm}^2)$, (옆넓이)$=\left(\dfrac{1}{2} \times 6 \times 10\right) \times 4 = 120 (\mathrm{cm}^2)$

∴ (겉넓이)$=36 + 120 = 156 (\mathrm{cm}^2)$

(2) (밑넓이)$=\pi \times 7^2 = 49\pi (\mathrm{cm}^2)$, (옆넓이)$=\pi \times 7 \times 12 = 84\pi (\mathrm{cm}^2)$

∴ (겉넓이)$=49\pi + 84\pi = 133\pi (\mathrm{cm}^2)$

🖐 (1) $156\,\mathrm{cm}^2$ (2) $133\pi\,\mathrm{cm}^2$

①-1 다음 그림과 같은 뿔의 겉넓이를 구하시오.

(1)
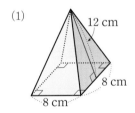
12 cm
8 cm
8 cm

(2)
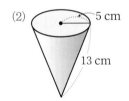
5 cm
13 cm

①-2 오른쪽 그림과 같은 사각뿔대에서 다음을 구하시오.

(1) 두 밑넓이의 합

(2) 옆넓이

(3) 겉넓이

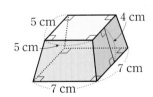
5 cm
4 cm
5 cm
7 cm
7 cm

 구의 부피와 겉넓이

개념 영상
* QR코드를 스캔하여 개념 영상을 확인하세요.

●● 구의 부피는 어떻게 구할까?

▶ 아르키메데스 (B.C.287?~B.C.212) 는 고대 그리스의 수학자로, 목욕을 하다가 금관을 훼손하지 않고 금관의 부피를 측정하는 방법을 알아내었다.

아르키메데스의 발견을 이용하면 구의 부피를 구할 수 있다.

다음 그림과 같이 구가 꼭 맞게 들어가는 원기둥 모양의 그릇에 물을 가득 채우고, 구를 물 속에 완전히 넣었다가 꺼내면 남아 있는 물의 높이는 원기둥의 높이의 $\frac{1}{3}$이 된다.

즉, 구의 부피는 넘쳐흐른 물의 부피와 같음을 알 수 있다.

넘쳐흐른 물의 부피는 원기둥의 부피의 $\frac{2}{3}$네.

→ 구의 부피는 구가 꼭 맞게 들어가는 원기둥의 부피의 $\frac{2}{3}$

따라서 반지름의 길이가 r인 구의 부피는 다음과 같이 구할 수 있다.

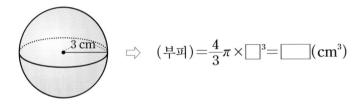

$$(\text{구의 부피}) = \frac{2}{3} \times (\text{원기둥의 부피})$$

$$\underset{\substack{\downarrow (\text{밑넓이}) \times (\text{높이}) \\ = \pi r^2 \times 2r}}{}$$

$$= \frac{4}{3}\pi r^3$$

✔ 다음 그림과 같은 구에서 ☐ 안에 알맞은 수를 써넣어 보자.

$\Rightarrow$ $(\text{부피}) = \frac{4}{3}\pi \times \boxed{}^3 = \boxed{} (\text{cm}^3)$

답 3, 36π

●● 구의 겉넓이는 어떻게 구할까?

다음 그림과 같이 구의 겉면을 끈으로 감은 후 그 끈을 풀어 평면 위에 원 모양으로 만들면 그 원의 반지름의 길이는 구의 반지름의 길이의 2배가 된다.

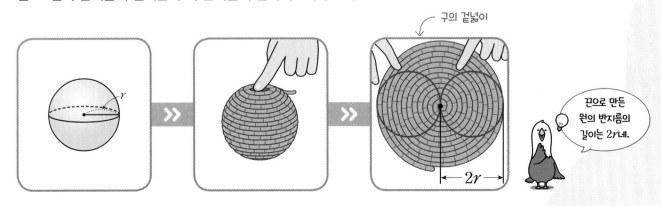

즉, 반지름의 길이가 r인 구의 겉넓이는 반지름의 길이가 $2r$인 원의 넓이와 같음을 알 수 있다.

따라서 반지름의 길이가 r인 구의 겉넓이는 다음과 같이 구할 수 있다.

(구의 겉넓이)
= (반지름의 길이가 $2r$인 원의 넓이)
= $4\pi r^2$

$\quad\to \pi \times (2r)^2$

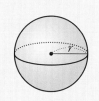

다음 그림과 같은 구에서 □ 안에 알맞은 수를 써넣어 보자.

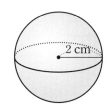

2 cm

$\Rightarrow$ (겉넓이) $= 4\pi \times \boxed{}^2 = \boxed{}\,(\mathrm{cm}^2)$

답 $2, 16\pi$

회색 글씨를 따라 쓰면서 개념을 정리해 보자!

꽉 잡아, 개념!

(1) (반지름의 길이가 r인 구의 부피)

$\quad= \dfrac{2}{3} \times$ (원기둥의 부피)

$\quad= \boxed{\dfrac{4}{3}\pi r^3}$

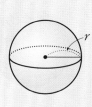

r

(2) (반지름의 길이가 r인 구의 겉넓이)

$\quad=$ (반지름의 길이가 $2r$인 원의 넓이)

$\quad= \boxed{4\pi r^2}$

 다음 입체도형의 부피와 겉넓이를 차례대로 구하시오.

(1)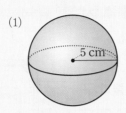

(2)

반구의 겉넓이는
구의 겉넓이의 $\frac{1}{2}$과
원의 넓이를 더해야 해.

✎ **풀이** (1) $(부피)=\frac{4}{3}\pi\times5^3=\frac{500}{3}\pi(cm^3)$

$(겉넓이)=4\pi\times5^2=100\pi(cm^2)$

(2) $(부피)=\left(\frac{4}{3}\pi\times6^3\right)\times\frac{1}{2}=144\pi(cm^3)$

$(겉넓이)=(4\pi\times6^2)\times\frac{1}{2}+(\pi\times6^2)=108\pi(cm^2)$

🖹 (1) $\frac{500}{3}\pi\ cm^3$, $100\pi\ cm^2$ (2) $144\pi\ cm^3$, $108\pi\ cm^2$

①-1 다음 입체도형의 부피와 겉넓이를 차례대로 구하시오.

(1)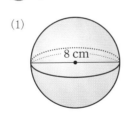

(2)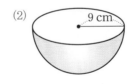

①-2 오른쪽 그림과 같이 반구와 원기둥을 붙인 입체도형의 부피를 구하시오.

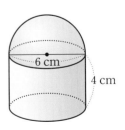

원뿔, 구, 원기둥의 부피의 비

고대 그리스의 수학자이자 과학자였던 아르키메데스는 다방면에 뛰어난 사람이었지만, 특히 수학에서 그가 가장 흥미 있게 연구한 것은 도형이었다.

그는 원기둥과 그 안에 꼭 맞게 들어가는 원뿔과 구의 부피 사이의 비를 발견했으며 아르키메데스의 묘비에는 오른쪽 그림과 같은 그림이 새겨져 있다.

원뿔, 구, 원기둥의 부피의 비를 알아볼까?

앞의 개념을 통해 원뿔과 구의 부피를 원기둥의 부피를 이용하여 다음과 같이 나타낼 수 있다.

$$(\text{원뿔의 부피}) = \frac{1}{3} \times (\text{원기둥의 부피})$$

$$(\text{구의 부피}) = \frac{2}{3} \times (\text{원기둥의 부피})$$

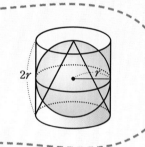

따라서 원뿔, 구, 원기둥의 부피의 비는 다음과 같다.

$$\overset{\nearrow \frac{2}{3}\pi r^3}{(\text{원뿔의 부피})} : \overset{\nearrow \frac{4}{3}\pi r^3}{(\text{구의 부피})} : \overset{\nearrow 2\pi r^3}{(\text{원기둥의 부피})}$$

$$= \frac{1}{3} : \frac{2}{3} : 1$$

$$= 1 : 2 : 3$$

이와 같은 부피의 비를 알고 있으면 한 도형의 부피를 이용해서 다른 도형의 부피를 쉽게 구할 수 있다.

오~
신기해!

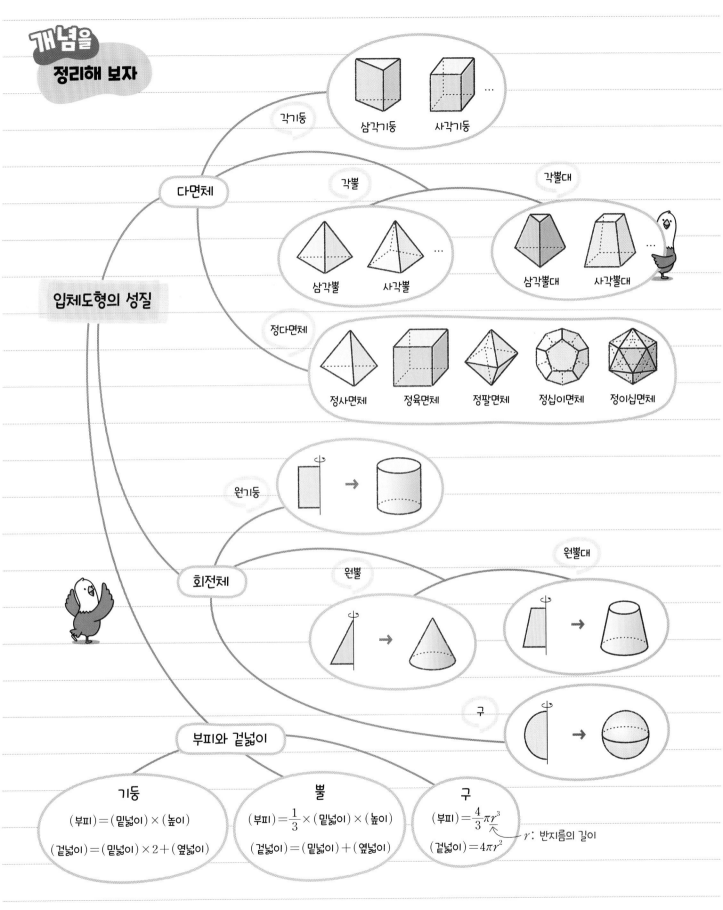

개념을 정리해 보자

정리해 보자

입체도형의 성질

다면체

각기둥
삼각기둥 사각기둥 …

각뿔
삼각뿔 사각뿔 …

각뿔대
삼각뿔대 사각뿔대 …

정다면체
정사면체 정육면체 정팔면체 정십이면체 정이십면체

회전체

원기둥

원뿔

원뿔대

구

부피와 겉넓이

기둥

$(부피) = (밑넓이) \times (높이)$

$(겉넓이) = (밑넓이) \times 2 + (옆넓이)$

뿔

$(부피) = \dfrac{1}{3} \times (밑넓이) \times (높이)$

$(겉넓이) = (밑넓이) + (옆넓이)$

구

$(부피) = \dfrac{4}{3} \pi r^3$

r : 반지름의 길이

$(겉넓이) = 4 \pi r^2$

1 다음 중 다면체와 그 다면체가 몇 면체인지 짝 지은 것으로 옳지 <u>않은</u> 것은?

① 삼각뿔 – 사면체   ② 사각기둥 – 육면체   ③ 사각뿔대 – 육면체

④ 오각기둥 – 육면체   ⑤ 육각뿔 – 칠면체

2 사각뿔의 면의 개수를 a개, 모서리의 개수를 b개, 꼭짓점의 개수를 c개라 할 때, $a+b+c$의 값을 구하시오.

3 다음 중 옆면의 모양이 모두 직사각형이고, 모서리의 개수가 21개인 다면체는?

① 오각기둥   ② 오각뿔대   ③ 육각기둥

④ 육각뿔   ⑤ 칠각기둥

4 다음 중 정다면체와 그 면의 모양을 짝 지은 것으로 옳은 것은?

① 정사면체 – 정삼각형   ② 정육면체 – 정육각형   ③ 정팔면체 – 정사각형

④ 정십이면체 – 정삼각형   ⑤ 정이십면체 – 정육각형

5 다음 중 정다면체에 대한 설명으로 옳지 <u>않은</u> 것은?

① 정육면체의 면의 모양은 정사각형이다.

② 정삼각형으로 이루어진 정다면체는 3가지이다.

③ 정십이면체는 정오각형 12개로 이루어진 다면체이다.

④ 한 꼭짓점에 모인 면의 개수가 3개인 정다면체는 정사면체, 정육면체, 정십이면체이다.

⑤ 정십이면체의 모서리의 개수와 정이십면체의 꼭짓점의 개수는 같다.

6 다음 중 오른쪽 그림과 같은 평면도형을 직선 *l*을 회전축으로 하여 1회전 시킬 때 생기는 회전체는?

①   ②   ③

④   ⑤

7 오른쪽 그림과 같은 회전체를 회전축을 포함하는 평면으로 자를 때 생기는 단면의 넓이를 구하시오.

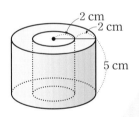

2 cm
2 cm
5 cm

8 다음 보기 중 회전체에 대한 설명으로 옳은 것을 모두 고르면?

┤ 보기 ├

ㄱ. 직사각형의 한 변을 회전축으로 하여 1회전 시키면 원기둥을 만들 수 있다.
ㄴ. 직각삼각형의 한 변을 회전축으로 하여 1회전 시키면 항상 원뿔을 만들 수 있다.
ㄷ. 회전체를 회전축에 수직인 평면으로 자를 때 생기는 단면은 모두 합동이다.
ㄹ. 회전체를 회전축을 포함하는 평면으로 자를 때 생기는 단면은 모두 합동이다.

① ㄱ, ㄷ   ② ㄱ, ㄹ   ③ ㄱ, ㄴ, ㄷ
④ ㄱ, ㄴ, ㄹ   ⑤ ㄱ, ㄷ, ㄹ

9 오른쪽 그림과 같이 밑면이 사다리꼴인 사각기둥의 부피를 구하시오.

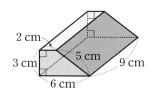

10 오른쪽 그림과 같이 밑면이 부채꼴인 기둥의 겉넓이는?

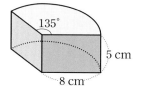

① $(80+54\pi)$ cm^2 ② $(80+78\pi)$ cm^2

③ $(160+84\pi)$ cm^2 ④ $(160+108\pi)$ cm^2

⑤ $(80+126\pi)$ cm^2

11 오른쪽 그림과 같이 가운데에 구멍이 뚫린 원기둥 모양의 입체도형에 대하여 부피와 겉넓이를 차례대로 구하면?

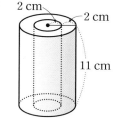

① 127π cm^3, 152π cm^2 ② 132π cm^3, 156π cm^2

③ 137π cm^3, 160π cm^2 ④ 142π cm^3, 164π cm^2

⑤ 147π cm^3, 168π cm^2

12 다음 그림과 같이 밑면의 반지름의 길이와 높이가 각각 같은 원뿔과 원기둥 모양의 그릇이 있다. 원뿔 모양의 그릇에 물을 가득 채워서 비어 있는 원기둥 모양의 그릇에 옮겼을 때, 물의 높이를 구하시오. (단, 그릇의 두께는 무시한다.)

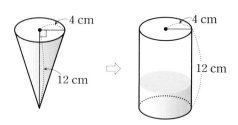

13 오른쪽 그림과 같은 사다리꼴을 직선 l을 회전축으로 하여 1회전 시킬 때
생기는 회전체의 부피는?

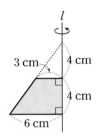

① 84π cm^3 ② 96π cm^3 ③ 108π cm^3

④ 120π cm^3 ⑤ 132π cm^3

14 오른쪽 그림과 같이 밑면이 정사각형인 사각뿔대의 겉넓이를 구하
시오. (단, 옆면은 모두 합동이다.)

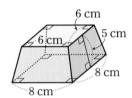

15 오른쪽 그림과 같은 입체도형의 겉넓이는?

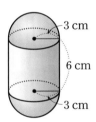

① 72π cm^2 ② 75π cm^2 ③ 78π cm^2

④ 81π cm^2 ⑤ 84π cm^2

16 오른쪽 그림과 같이 원기둥에 꼭 맞게 들어가는 원뿔과 구가 있다. 구의 부
피가 36π cm^{3}일 때, 원뿔과 원기둥의 부피는?

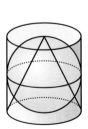

① 원뿔의 부피: 9π cm^3, 원기둥의 부피: 27π cm^3

② 원뿔의 부피: 18π cm^3, 원기둥의 부피: 54π cm^3

③ 원뿔의 부피: 18π cm^3, 원기둥의 부피: 81π cm^3

④ 원뿔의 부피: 27π cm^3, 원기둥의 부피: 54π cm^3

⑤ 원뿔의 부피: 27π cm^3, 원기둥의 부피: 81π cm^3

V

자료의
정리와 해석

11
줄기와 잎 그림,
도수분포표

#변량 #줄기와 잎 그림
#계급 #도수 #도수분포표
#히스토그램
#도수분포다각형

![준비해 보자](준비 해 보자)

▶ 정답 및 풀이 18쪽

● 이 꽃은 봄에 피는 대표적인 꽃으로 '당신의 시작을 응원합니다.'라는 꽃말을 가지고 있다.

다음 그래프의 전체 학생 수를 출발점으로 하여 길을 따라가서 이 꽃의 이름이 무엇인지 알아보자.

좋아하는 과일별 학생 수

(명)

| 학생 수 \ 과일 | 사과 | 배 | 수박 | 귤 |

30명　　40명　　50명　　60명

작약　　펜지　　튤립　　프리지아

37
줄기와 잎 그림

* QR코드를 스캔하여 개념 영상을 확인하세요.

●●줄기와 잎 그림은 무엇일까?

팔굽혀펴기 횟수와 같이 자료를 수량으로 나타낸 것을 **변량**이라 한다.

위의 만화와 같이 변량을 그대로 나열해 놓으면 각 학생의 팔굽혀펴기 횟수는 알 수 있지만 자료의 분포 상태를 알아보기는 쉽지 않다.

따라서 조사한 자료는 목적에 따라 알맞게 정리할 필요가 있다.

변량에서 변(變)은 '변한다.'는 뜻이야.

다음과 같이 자료를 줄기와 잎으로 구분하여 나타낸 그림을 **줄기와 잎 그림**이라 하고 세로선의 왼쪽에 있는 수를 줄기, 오른쪽에 있는 수를 잎이라 한다.

(1|0은 10회)는 줄기가 1이고 잎이 0일 때, 10회임을 뜻해.

줄기와 잎 그림으로 자료를 정리하면 원래의 변량을 정확히 알 수 있을 뿐만 아니라 자료의 분포 상태도 쉽게 파악할 수 있다.

예를 들어 앞의 줄기와 잎 그림에서 다음을 알 수 있다.

▶ 전체 변량의 개수는 잎의 총개수와 같다.

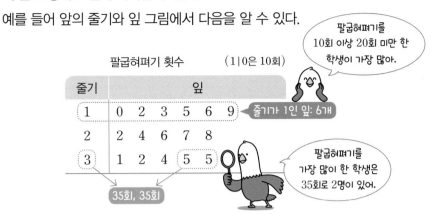

팔굽혀펴기 횟수　　　　(1|0은 10회)

줄기	잎
1	0　2　3　5　6　9
2	2　4　6　7　8
3	1　2　4　5　5

팔굽혀펴기를 10회 이상 20회 미만 한 학생이 가장 많아.

줄기가 1인 잎: 6개

35회, 35회

팔굽혀펴기를 가장 많이 한 학생은 35회로 2명이 있어.

✔ 다음은 어느 테니스 교실 회원들의 나이를 조사하여 나타낸 것이다. 이 자료에 대한 줄기와 잎 그림을 완성해 보자.

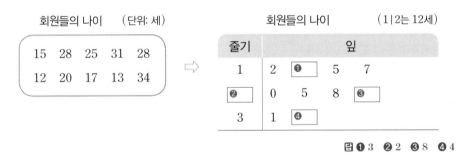

회원들의 나이　(단위: 세)

15	28	25	31	28
12	20	17	13	34

⇨

회원들의 나이　　　(1|2는 12세)

줄기	잎
1	2　❶　5　7
❷	0　5　8　❸
3	1　❹

답 ❶ 3　❷ 2　❸ 8　❹ 4

회색 글씨를 따라 쓰면서 개념을 정리해 보자!

꽉 잡아, 개념!

(1) **변량**: 키, 성적 등과 같이 자료를 수량으로 나타낸 것

(2) **줄기와 잎 그림**: 자료를 　줄기　와　잎　을 이용하여 나타낸 그림

① **줄기**: 세로선의 왼쪽에 있는 숫자

② **잎**: 세로선의 오른쪽에 있는 숫자

참고 줄기와 잎 그림을 그릴 때, 줄기에는 중복되는 수를 한 번만 쓰고 잎에는 중복되는 수를 모두 쓴다.

 다음은 어느 날 버스 정류장에서 사람들이 버스를 기다린 시간을 조사하여 나타낸 것이다. 이 자료에 대한 줄기와 잎 그림을 완성하고 물음에 답하시오.

기다린 시간   (단위: 분)

| 5 | 12 | 21 | 2 | 23 | 16 | 21 |
| 7 | 10 | 3 | 14 | 8 | 19 | 11 |

기다린 시간   (0│2는 2분)

줄기	잎
0	2

(1) 줄기가 2인 잎을 모두 구하시오.

(2) 잎이 가장 많은 줄기를 구하시오.

✏️ **풀이**   (1) 줄기가 2인 잎은 1, 1, 3이다.

(2) 줄기가 0인 잎: 2, 3, 5, 7, 8의 5개

     줄기가 1인 잎: 0, 1, 2, 4, 6, 9의 6개

     줄기가 2인 잎: 1, 1, 3의 3개

     따라서 잎이 가장 많은 줄기는 1이다.

기다린 시간   (0│2는 2분)

줄기	잎					
0	2	3	5	7	8	
1	0	1	2	4	6	9
2	1	1	3			

📋 풀이 참조   (1) 1, 1, 3   (2) 1

1-1 다음은 영하네 반 학생들이 농장 체험에서 딴 딸기의 수를 조사하여 나타낸 것이다. 이 자료에 대한 줄기와 잎 그림을 완성하고 물음에 답하시오.

딸기의 수   (단위: 개)

36	23	44	26	51	33
25	42	37	35	28	42
46	29	55	30	36	53

딸기의 수   (2│3은 23개)

줄기	잎
2	3

(1) 줄기가 4인 잎을 모두 구하시오.

(2) 잎이 가장 적은 줄기를 구하시오.

2 오른쪽 줄기와 잎 그림은 수민이네 반 학생들의 1분당 맥박 수를 조사하여 나타낸 것이다. 다음을 구하시오.

(1) 전체 학생 수
(2) 맥박 수가 4번째로 낮은 학생의 맥박 수
(3) 맥박 수가 83회 이상인 학생 수

1분당 맥박 수 　　　　(6|5는 65회)

줄기	잎
6	5　6　7　8　9
7	2　2　3　5　5　7　8　9
8	1　2　3　4　6
9	0　3

📝 **풀이** (1) 전체 학생 수는 잎의 총개수와 같으므로
　5+8+5+2=20(명)
(2) 맥박 수가 낮은 학생의 맥박 수부터 차례대로 나열하면
　65회, 66회, 67회, 68회, …
　따라서 맥박 수가 4번째로 낮은 학생의 맥박 수는 68회이다.
(3) 맥박 수가 83회 이상인 학생은 83회, 84회, 86회, 90회, 93회의 5명이다.

📘 (1) **20명**　(2) **68회**　(3) **5명**

2-1 오른쪽 줄기와 잎 그림은 경민이네 반 학생들의 수행 평가 점수를 조사하여 나타낸 것이다. 다음을 구하시오.

(1) 전체 학생 수
(2) 점수가 6번째로 높은 학생의 점수
(3) 점수가 43점 이상 57점 미만인 학생 수

수행 평가 점수 　　　　(3|7은 37점)

줄기	잎
3	7　8　9
4	1　2　3　6　6　8
5	3　3　4　7
6	0　1　2　5　7　8　9
7	2　4　4　4　6

38
도수분포표

개념 영상
* QR코드를 스캔하여 개념 영상을 확인하세요.

●●도수분포표는 무엇일까?

줄기와 잎 그림에서 자료의 개수가 너무 많을 때는 일일이 나열하기 불편하고, 자료의 값의 범위가 클 때는 분포 상태를 잘 나타내지 못하는 경우가 있다.

이와 같은 경우에는 자료의 분포 상태를 더 잘 나타내는 다른 정리 방법이 필요하다.

다음과 같은 방법으로 자료를 정리해 보자.

❶ 가장 작은 변량과 가장 큰 변량 찾기

던지기 기록 (단위: m)

가장 작은 변량 → (17) 31 26 32
28 20 33 29
25 27 22 35
(39) 24 30 26
↑
가장 큰 변량

❷ 변량을 일정한 간격으로 구분하여 구간 정하기

던지기 기록(m)	학생 수(명)
$15^{이상} \sim 20^{미만}$	
20 ~ 25	
25 ~ 30	
30 ~ 35	
35 ~ 40	
합계	

❸ 각 구간에 해당하는 변량의 개수를 세어 정리하기

던지기 기록(m)	학생 수(명)	
$15^{이상} \sim 20^{미만}$	/	1
20 ~ 25	///	3
25 ~ 30	///// /	6
30 ~ 35	////	4
35 ~ 40	//	2
합계		16

이때 변량을 일정한 간격으로 나눈 구간을 **계급**, 구간의 너비를 **계급의 크기**라 하고, 각 계급에 속하는 변량의 개수를 그 계급의 **도수**라 한다.

이와 같이 주어진 자료를 몇 개의 계급으로 나누고, 각 계급에 속하는 도수를 조사하여 나타낸 표를 **도수분포표**라 한다.

(주의) 계급, 계급의 크기, 도수는 단위를 포함하여 쓴다.

(+참고) 계급의 개수는 자료의 양에 따라 보통 5개~15개 정도로 하고, 계급의 크기는 같게 한다.

던지기 기록(m)	도수(명)
$15^{이상} \sim 20^{미만}$	1
20 ~ 25	3
25 ~ 30	6
30 ~ 35	4
35 ~ 40	2
합계	16

계급 ◀ / ▶ 도수 / ← 도수의 총합

(계급의 크기) = (계급의 양 끝 값의 차)
= 5(m)

✔️ 다음은 재호네 반 학생들의 하루 동안의 운동 시간을 조사하여 나타낸 것이다. 이 자료를 보고 도수분포표를 완성해 보자.

운동 시간 (단위: 분)

43	20	25	63	28
20	56	78	35	5
18	32	50	12	37
65	55	70	45	90

⇨

운동 시간(분)	도수(명)	
$0^{이상} \sim 20^{미만}$	///	3
20 ~ 40	＃ //	7
40 ~ 60	❶	❷
60 ~ 80	❸	❹
80 ~ 100	/	1
합계	20	

답 ❶ ＃ ❷ 5 ❸ //// ❹ 4

🐦 회색 글씨를 따라 쓰면서 개념을 정리해 보자!

꽉잡아, 개념!

(1) **계급**: 변량을 일정한 간격으로 나눈 구간

(2) **계급의 크기**: 구간의 너비

(3) **도수**: 각 계급에 속하는 변량의 개수

(4) **도수분포표**: 주어진 자료를 몇 개의 [계급]으로 나누고, 각 계급에 속하는 [도수]를 조사하여 나타낸 표

1 오른쪽 도수분포표는 소희네 반 학생들이 1년 동안 본 영화의 편 수를 조사하여 나타낸 것이다. 다음을 구하시오.

계급의 크기는 계급의 양 끝 값의 차야!

(1) 계급의 크기

(2) 계급의 개수

(3) 영화를 12편 본 학생이 속하는 계급의 도수

편 수(편)	도수(명)
0^{이상} ~ 5^{미만}	5
5 ~ 10	7
10 ~ 15	9
15 ~ 20	4
합계	25

✎ **풀이** (1) (계급의 크기)$=5-0=10-5=15-10=20-15=5$(편)

(2) 계급은 0편 이상 5편 미만, 5편 이상 10편 미만, 10편 이상 15편 미만, 15편 이상 20편 미만의 4개이다.

(3) 영화를 12편 본 학생이 속하는 계급은 10편 이상 15편 미만이므로 구하는 도수는 9명이다.

🖎 (1) **5편** (2) **4개** (3) **9명**

1-1 오른쪽 도수분포표는 건우네 반 학생들이 한 학기 동안 도서관을 이용한 횟수를 조사하여 나타낸 것이다. 다음 중 옳지 <u>않은</u> 것은?

① 계급의 크기는 2회이다.

② 계급의 개수는 5개이다.

③ 도서관을 5번째로 적게 이용한 학생이 속하는 계급은 10회 이상 12회 미만이다.

④ 도서관을 이용한 횟수가 17회인 학생이 속하는 계급의 도수는 3명이다.

⑤ 도서관을 이용한 횟수가 14회 이상인 학생은 6명이다.

횟수(회)	도수(명)
8^{이상} ~ 10^{미만}	4
10 ~ 12	9
12 ~ 14	8
14 ~ 16	6
16 ~ 18	3
합계	30

오른쪽 도수분포표는 어느 과수원에서 수확한 복숭아의 무게를 조사하여 나타낸 것이다. 다음 물음에 답하시오.

(1) A의 값을 구하시오.
(2) 무게가 240 g 미만인 복숭아는 전체의 몇 %인지 구하시오.

무게(g)	도수(개)
$200^{이상} \sim 220^{미만}$	3
220 ~ 240	A
240 ~ 260	6
260 ~ 280	4
280 ~ 300	2
합계	20

 풀이 (1) 도수의 총합이 20개이므로
$A = 20 - (3+6+4+2) = 5$
(2) 무게가 200 g 이상 220 g 미만인 복숭아의 수: 3개
무게가 220 g 이상 240 g 미만인 복숭아의 수: 5개
따라서 무게가 240 g 미만인 복숭아의 수는 3+5=8(개)이고
전체 복숭아의 수는 20개이므로
$\dfrac{8}{20} \times 100 = 40(\%)$

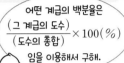 어떤 계급의 백분율은
$\left(\dfrac{\text{그 계급의 도수}}{\text{도수의 총합}} \right) \times 100(\%)$
임을 이용해서 구해.

답 (1) 5 (2) 40 %

2-1 오른쪽 도수분포표는 식품의 100 g당 열량을 조사하여 나타낸 것이다. 열량이 400 kcal 이상인 식품은 전체의 몇 %인지 구하시오.

열량(kcal)	도수(개)
$100^{이상} \sim 200^{미만}$	2
200 ~ 300	6
300 ~ 400	5
400 ~ 500	
500 ~ 600	3
합계	25

39 히스토그램과 도수분포다각형

* QR코드를 스캔하여 개념 영상을 확인하세요.

●●히스토그램이란 무엇일까?

도수분포표를 다음과 같은 방법으로 그린 그래프를 **히스토그램**이라 한다.

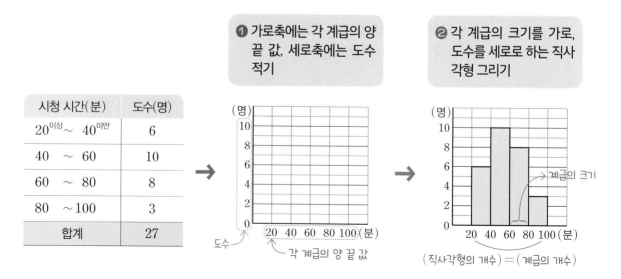

❶ 가로축에는 각 계급의 양 끝 값, 세로축에는 도수 적기

❷ 각 계급의 크기를 가로, 도수를 세로로 하는 직사각형 그리기

시청 시간(분)	도수(명)
$20^{이상} \sim 40^{미만}$	6
$40 \sim 60$	10
$60 \sim 80$	8
$80 \sim 100$	3
합계	27

(직사각형의 개수) = (계급의 개수)

히스토그램의 각 직사각형에서 가로의 길이는 계급의 크기로 일정하고, 세로의 길이는 각 계급의 도수를 나타낸다. 따라서 히스토그램은 다음과 같은 특징을 갖는다.

☑ 각 직사각형의 넓이는 각 계급의 도수에 정비례한다.　　각 직사각형의 넓이

☑ (직사각형의 넓이의 합) = {(계급의 크기) × (그 계급의 도수)}의 합
　　　　　　　　　　　　　= (계급의 크기) × (도수의 총합)

오른쪽 히스토그램은 주오네 반 학생들이 1년 동안 여행을 다녀온 횟수를 조사하여 나타낸 것이다. 다음 □ 안에 알맞은 것을 써넣어 보자.

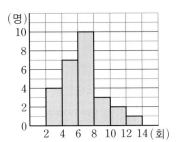

(1) (계급의 크기) = (직사각형의 □의 길이)
　　　　　　　　= 4 − □ = □ (회)
(2) (계급의 개수) = (직사각형의 □) = □ (개)
(3) 도수가 가장 큰 계급은 □회 이상 □회 미만이다.

답 (1) 가로, 2, 2　(2) 개수, 6　(3) 6, 8

●● 도수분포다각형이란 무엇일까?

히스토그램을 이용하여 도수분포표를 다음과 같은 방법으로 그린 꺾은선 모양의 그래프를 **도수분포다각형**이라 한다.

▶ 도수분포다각형은 히스토그램을 그리지 않고 도수분포표로부터 직접 그릴 수도 있다.

❶ 각 직사각형의 윗변의 중앙에 점 찍기

❷ 찍은 점들을 선분으로 연결하기

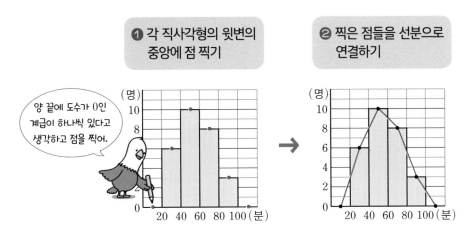

양 끝에 도수가 0인 계급이 하나씩 있다고 생각하고 점을 찍어.

도수분포다각형은 다음과 같은 특징을 갖는다.

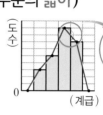

✔ 자료의 분포 상태를 연속적으로 관찰할 수 있다.
✔ (도수분포다각형과 가로축으로 둘러싸인 부분의 넓이)
　= (히스토그램의 직사각형의 넓이의 합)
　= (계급의 크기) × (도수의 총합)

두 삼각형의 넓이가 같아.

💛 오른쪽 도수분포다각형은 진아네 반 학생들이 일주일 동안 인터넷을 사용한 시간을 조사하여 나타낸 것이다. 다음 ☐ 안에 알맞은 수를 써넣어 보자.

(1) (계급의 크기)＝10－☐＝☐(시간)
(2) 계급의 개수는 ☐개이다.
(3) 도수가 가장 큰 계급은 ☐시간 이상 ☐시간 미만이다.

답 (1) 5, 5　(2) 6　(3) 15, 20

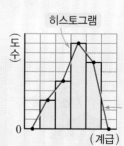

회색 글씨를 따라 쓰면서 개념을 정리해 보자!

꽉 잡아, 개념!

(1) **히스토그램**: 도수분포표의 　계급의 크기　를 가로로, 그 　계급의 도수　를 세로로 하는 직사각형을 그린 그래프

(2) **도수분포다각형**: 히스토그램에서 각 직사각형의 윗변의 중앙에 점을 찍고, 양 끝에 도수가 0인 계급이 하나씩 있는 것으로 생각하여 그 중앙에 점을 찍은 후, 찍은 점들을 선분으로 연결하여 그린 그래프

 오른쪽 히스토그램은 정우네 반 학생들의 수학 성적을 조사하여 나타낸 것이다. 다음을 구하시오.

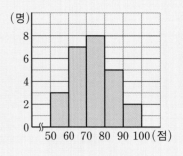

(1) 계급의 크기
(2) 전체 학생 수
(3) 수학 성적이 70점 이상 90점 미만인 학생 수
(4) 모든 직사각형의 넓이의 합

직사각형의 세로의 길이는 각 계급의 도수를 나타내.

✎ **풀이** (1) (계급의 크기)=60−50=10(점)
(2) 전체 학생 수는 3+7+8+5+2=25(명)
(3) 수학 성적이 70점 이상 90점 미만인 학생 수는 8+5=13(명)
(4) (직사각형의 넓이의 합)=(계급의 크기)×(도수의 총합)
＝10×25=250

답 (1) **10점** (2) **25명** (3) **13명** (4) **250**

1-1 오른쪽 히스토그램은 미주네 반 학생들의 발 크기를 조사하여 나타낸 것이다. 다음을 구하시오.

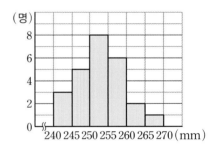

(1) 계급의 크기
(2) 전체 학생 수
(3) 발 크기가 260 mm 이상인 학생 수
(4) 모든 직사각형의 넓이의 합

1-2 오른쪽 도수분포다각형은 준하네 반 학생들이 등교하는 데 걸리는 시간을 조사하여 나타낸 것이다. 다음을 구하시오.

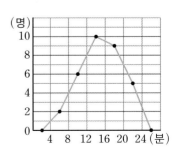

(1) 계급의 크기
(2) 전체 학생 수
(3) 등교 시간이 12분 미만인 학생 수
(4) 도수분포다각형과 가로축으로 둘러싸인 부분의 넓이

11. 줄기와 잎 그림, 도수분포표 223

12
상대도수와 그 그래프

#상대도수 #총합은 1

#상대도수의 분포표

#상대도수의 분포를 나타낸

그래프

준비 해 보자

▶ 정답 및 풀이 19쪽

● 속담은 교훈을 주거나 풍자하기 위하여 예로부터 전해 오는 격언을 말한다. '꾸준히 노력하면 아무리 어려운 일도 이룰 수 있다.'라는 뜻을 가진 이 속담은 무엇일까?

다음 그래프를 보고 ☐ 안에 알맞은 수를 써넣어 속담을 완성해 보자.

❶ ☐ ❷ ☐ 도 갈면 ❸ ☐ ❹ ☐ 된다.

월별 최고 기온

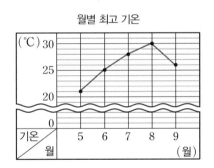

❶ 최고 기온이 28 ℃인 때는 ☐월이다.

❷ 최고 기온이 가장 낮은 때는 ☐월이다.

❸ 최고 기온이 가장 높은 때와 가장 낮은 때의 온도 차이는 ☐ ℃이다.

❹ 최고 기온이 내려가기 시작하는 때는 ☐월이다.

3	돌		4	나		5	쇠		6	물
7	무		8	늘		9	바		10	댓

40 상대도수

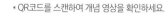

* QR코드를 스캔하여 개념 영상을 확인하세요.

•• 상대도수는 무엇일까?

홈런의 개수(개)	도수(명)
0이상 ~ 10미만	4
10 ~ 20	8
20 ~ 30	6
30 ~ 40	2
합계	20

도수분포표나 히스토그램에서 각 계급의 도수를 알아보기는 쉽지만 각 계급의 도수가 전체에서 차지하는 비율은 알아보기가 어렵다.

각 계급의 도수가 전체에서 차지하는 비율을 알아보기 위해서는 각 계급의 도수를 전체 도수로 나눈 값을 계산해야 한다.
이때 전체 도수에 대한 각 계급의 도수의 비율을 그 계급의 **상대도수**라 한다.

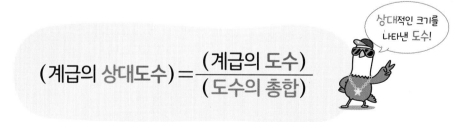

$$(계급의\ 상대도수) = \frac{(계급의\ 도수)}{(도수의\ 총합)}$$

┿참고 · (계급의 도수) = (도수의 총합) × (계급의 상대도수)

· $(도수의\ 총합) = \dfrac{(계급의\ 도수)}{(계급의\ 상대도수)}$

다음과 같이 도수분포표에서 각 계급의 상대도수를 나타낸 표를 **상대도수의 분포표**라 한다.

홈런의 개수(개)	도수(명)	상대도수
$0^{이상} \sim 10^{미만}$	4	$\dfrac{4}{20}=0.2$
$10 \sim 20$	8	$\dfrac{8}{20}=0.4$
$20 \sim 30$	6	$\dfrac{6}{20}=0.3$
$30 \sim 40$	2	$\dfrac{2}{20}=0.1$
합계	20	1

도수가 2배이면 상대도수도 2배!

상대도수의 총합은 항상 1이네.

▶ 상대도수는 일반적으로 소수로 나타낸다.

위의 표에서 알 수 있듯이 상대도수는 다음과 같은 특징을 갖는다.

☑ 상대도수의 총합은 항상 1이고, 각 계급의 상대도수는 **0 이상 1 이하의 수**이다.

☑ 각 계급의 상대도수는 그 계급의 도수에 정비례한다.

♥ 오른쪽 상대도수의 분포표는 어느 중학교 학생들의 평균 수면 시간을 조사하여 나타낸 것이다. 표를 완성해 보자.

수면 시간(시간)	도수(명)	상대도수
$4^{이상} \sim 5^{미만}$	5	0.1
$5 \sim 6$	15	❶
$6 \sim 7$	20	❷
$7 \sim 8$	10	❸
합계	50	❹

$\longleftarrow \dfrac{5}{50}=0.1$

답 ❶ 0.3 ❷ 0.4 ❸ 0.2 ❹ 1

회색 글씨를 따라 쓰면서 개념을 정리해 보자!

꽉 잡아, 개념!

(1) **상대도수**: 전체 도수에 대한 각 계급의 도수의 비율

$$\Rightarrow (\text{계급의 상대도수})=\dfrac{(\text{계급의 } \boxed{도수})}{(\text{도수의 } \boxed{총합})}$$

(2) **상대도수의 분포표**: 각 계급의 상대도수를 나타낸 표

▶ 정답 및 풀이 19쪽

1 오른쪽 상대도수의 분포표는 수지 네 반 학생들의 방학 동안의 봉사 활동 시간을 조사하여 나타낸 것이다. 다음 물음에 답하시오.

(1) A, B, C의 값을 각각 구하시오.

(2) 봉사 활동 시간이 10시간 미만 인 학생은 전체의 몇 %인지 구하시오.

봉사 활동 시간(시간)	도수(명)	상대도수
$0^{이상} \sim 5^{미만}$	3	A
5 ~ 10		0.3
10 ~ 15	B	0.4
15 ~ 20	6	
합계	30	C

✏️ **풀이** (1) $A = \dfrac{(계급의 도수)}{(도수의 총합)} = \dfrac{3}{30} = 0.1$

$B = (도수의 총합) \times (계급의 상대도수) = 30 \times 0.4 = 12$

$C = (상대도수의 총합) = 1$

(2) 봉사 활동 시간이 0시간 이상 5시간 미만, 5시간 이상 10시간 미만인 계급의 상대도수의 합은

$0.1 + 0.3 = 0.4$

따라서 봉사 활동 시간이 10시간 미만인 학생은 전체의

$0.4 \times 100 = 40(\%)$

어떤 계급의 백분율은 $(상대도수) \times 100(\%)$ 임을 이용해.

답 (1) $A = 0.1$, $B = 12$, $C = 1$ (2) 40 %

1-1 오른쪽 상대도수의 분포표는 어느 뮤지컬 관람객의 나이를 조사하여 나타낸 것이다. 다음 물음에 답하시오.

(1) A, B의 값을 각각 구하시오.

(2) 나이가 30세 이상인 관람객은 전체의 몇 % 인지 구하시오.

나이(세)	도수(명)	상대도수
$10^{이상} \sim 20^{미만}$	4	
20 ~ 30	10	0.25
30 ~ 40	8	A
40 ~ 50	B	0.3
50 ~ 60		0.15
합계	40	1

41
상대도수의 분포를 나타낸 그래프

개념 영상

* QR코드를 스캔하여 개념 영상을 확인하세요.

●● 상대도수의 분포를 나타낸 그래프를 그려볼까?

상대도수의 분포표를 그래프로 나타내는 방법은 도수분포표를 히스토그램이나 도수분포
다각형으로 나타내는 방법과 같다.

❶ 가로축에는 각 계급의 양 끝 값, 세로축에는 상대도수 적기

❷ 히스토그램 또는 도수분포다각형과 같은 방법으로 그리기

이용 횟수(회)	상대도수
5^{이상} ~ 10^{미만}	0.1
10 ~ 15	0.4
15 ~ 20	0.3
20 ~ 25	0.2
합계	1

오른쪽 그림은 권수네 반 학생들의 100 m 달리기 기록을 조사하여 상대도수의 분포를 그래프로 나타낸 것이다. 다음 ☐ 안에 알맞은 수를 써넣어 보자.

(1) 상대도수가 가장 큰 계급은 ☐초 이상 ☐초 미만이다.

(2) 기록이 19초 이상 21초 미만인 계급의 상대도수는 ☐이다.

(3) 기록이 18초인 학생이 속하는 계급의 상대도수는 ☐이다.

답 (1) 13, 15 (2) 0.08 (3) 0.2

●●도수의 총합이 다른 두 집단을 비교해 볼까?

다음은 A, B 두 중학교 학생들이 1년 동안 읽은 책의 수를 조사하여 나타낸 표이다.

1년 동안 읽은 책이 6권 이상 9권 미만인 학생 수의 비율은 어느 학교가 더 높은지 알아보자.

비율은 상대도수를 비교하면 돼!

책의 수(권)	도수(명)		상대도수	
	A 중학교	B 중학교	A 중학교	B 중학교
3이상 ~ 6미만	14	20	0.14	0.1
6 ~ 9	26	32	0.26	0.16
9 ~ 12	32	56	0.32	0.28
12 ~ 15	20	68	0.2	0.34
15 ~ 18	8	24	0.08	0.12
합계	100	200	1	1

도수는
A 중학교: 26명,
B 중학교: 32명
→ A 중학교 < B 중학교

상대도수는
A 중학교: 0.26,
B 중학교: 0.16
→ A 중학교 > B 중학교

1년 동안 읽은 책이 6권 이상 9권 미만인 학생 수는 A 중학교가 B 중학교보다 적지만

그 비율은 A 중학교가 B 중학교보다 **상대적으로 더 높다.**

이와 같이 도수의 총합이 다를 때는 도수를 비교하는 것보다 상대도수를 비교하는 것이 더 적절하다.

물론이지!!

그럼 도수의 총합이 다른 두 집단의 분포도 그래프로 나타낼 수 있을까?

도수의 총합이 다른 두 집단의 분포를 그래프로 나타낼 때는 두 그래프를 겹쳐서 나타내야 하므로 히스토그램보다는 도수분포다각형 모양의 그래프로 나타내는 것이 더 편리하다.

다음은 앞의 상대도수의 분포표를 도수분포다각형 모양의 그래프로 나타낸 것이다.

책의 수(권)	상대도수	
	A 중학교	B 중학교
3이상 ~ 6미만	0.14	0.1
6 ~ 9	0.26	0.16
9 ~ 12	0.32	0.28
12 ~ 15	0.2	0.34
15 ~ 18	0.08	0.12
합계	1	1

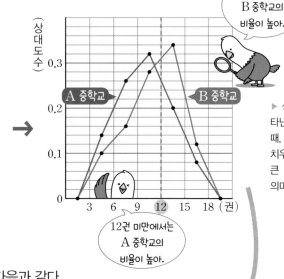

12권 이상에서는 B 중학교의 비율이 높아.

12권 미만에서는 A 중학교의 비율이 높아.

▶ 상대도수의 분포를 나타낸 두 그래프를 비교할 때, 그래프가 오른쪽으로 치우쳐 있을수록 변량이 큰 자료가 많다는 것을 의미한다.

그래프를 보고 알 수 있는 사실을 정리하면 다음과 같다.

✔ A 중학교는 읽은 책이 9권 이상 12권 미만인 학생의 비율이 가장 높고, B 중학교는 읽은 책이 12권 이상 15권 미만인 학생의 비율이 가장 높다.

✔ 읽은 책이 15권 이상 18권 미만인 학생의 비율은 B 중학교가 A 중학교보다 높다.

✔ B 중학교의 그래프가 A 중학교의 그래프보다 오른쪽으로 치우쳐 있다.
  → B 중학교 학생들이 A 중학교 학생들보다 상대적으로 책을 더 많이 읽는다.

이와 같이 도수의 총합이 다른 두 집단의 상대도수의 분포를 도수분포다각형 모양의 그 래프로 나타내면 두 집단의 분포 상태를 한눈에 비교할 수 있다.

♥ 다음 그림은 수지네 반 남학생과 여학생이 하루 동안 마신 물의 양을 조사하여 상대도 수의 분포를 그래프로 나타낸 것이다. 그래프에 대한 설명으로 옳은 것은 ○표, 옳지 않 은 것은 ×표를 해 보자.

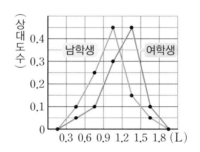

(1) 마신 물의 양이 1.2 L 이상 1.5 L 미만인 학생의 비율은 여학생이 더 높다.

(   )

(2) 남학생의 상대도수가 여학생의 상대도수보다 큰 계급은 2개이다. (   )

(3) 여학생이 남학생보다 물을 더 많이 마시는 편이다. (   )

🔑 (1) ○ (2) × (3) ○

회색 글씨를 따라 쓰면서 개념을 정리해 보자!

꽉 잡아, 개념!

(1) 상대도수의 분포를 나타낸 그래프

가로축에는 각 계급의 양 끝 값을, 세로축에는 상대도수 를 적어 히스토그램이나 도수분포다각형 모양으로 나타낸 그래프

(2) 도수의 총합이 다른 두 집단의 분포 비교

도수의 총합이 다른 두 자료의 그래프를 함께 나타내어 비교하면 두 자료의 분포 상태를 한눈에 비교할 수 있다.

▶ 정답 및 풀이 19쪽

 오른쪽 그림은 윤아네 반 학생 40명의 음악 감상 시간을 조사하여 상대도수의 분포를 그래프로 나타낸 것이다. 다음 물음에 답하시오.

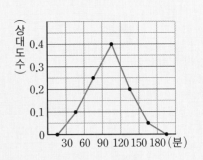

(1) 상대도수가 가장 작은 계급을 구하시오.

(2) 음악 감상 시간이 130분인 학생이 속하는 계급 의 학생 수를 구하시오.

(3) 음악 감상 시간이 90분 미만인 학생은 전체의 몇 %인지 구하시오.

✎ 풀이 (2) 음악 감상 시간이 130분인 학생이 속하는 계급은 120분 이상 150분 미만이므로 구하는 학생

수는 $40 \times 0.2 = 8$(명)

(3) 음악 감상 시간이 30분 이상 60분 미만, 60분 이상 90분 미만인 계급의 상대도수의 합은

$0.1 + 0.25 = 0.35$

따라서 음악 감상 시간이 90분 미만인 학생은 전체의

$0.35 \times 100 = 35(\%)$

🖩 (1) 150분 이상 180분 미만   (2) 8명   (3) 35 %

1-1 오른쪽 그림은 정후네 반 학생 50명의 1분 동 안의 윗몸일으키기 횟수를 조사하여 상대도수의 분포 를 그래프로 나타낸 것이다. 다음 물음에 답하시오.

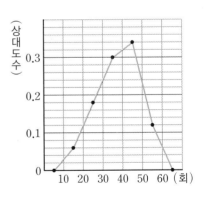

(1) 상대도수가 가장 큰 계급을 구하시오.

(2) 윗몸일으키기 횟수가 27회인 학생이 속하는 계급 의 학생 수를 구하시오.

(3) 윗몸일으키기 횟수가 40회 이상인 학생은 전체의 몇 %인지 구하시오.

2 오른쪽 그림은 어느 중학교 A반과 B반의 과학 성적을 조사하여 상대도수의 분포를 그래프로 나타낸 것이다. 다음 물음에 답하시오.

그래프가 오른쪽으로 치우쳐 있을수록 상대적으로 '높다, 많다, …'인 것을 의미해.

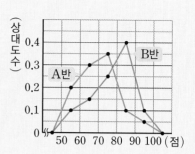

(1) 과학 성적이 70점 이상 80점 미만인 학생의 비율은 어느 반이 더 높은지 구하시오.

(2) 어느 반의 과학 성적이 더 높은 편인지 구하시오.

✏️ **풀이** (1) A반에서 70점 이상 80점 미만인 계급의 상대도수는 0.35

B반에서 70점 이상 80점 미만인 계급의 상대도수는 0.25

따라서 과학 성적이 70점 이상 80점 미만인 학생의 비율은 A반이 더 높다.

(2) B반의 그래프가 A반의 그래프보다 오른쪽으로 치우쳐 있으므로 과학 성적은 B반이 A반보다 더 높은 편이다.

📋 (1) A반 (2) B반

2-1 오른쪽 그림은 어느 중학교 1학년과 2학년 학생들의 휴대 전화 통화 시간을 조사하여 상대도수의 분포를 그래프로 나타낸 것이다. 다음 물음에 답하시오.

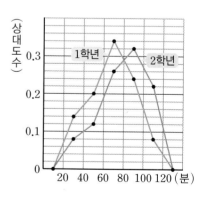

(1) 2학년 학생 중 휴대 전화 통화 시간이 80분 이상 100분 미만인 학생이 16명일 때, 2학년 학생은 모두 몇 명인지 구하시오.

(2) 어느 학년의 휴대 전화 통화 시간이 더 긴 편인지 구하시오.

줄기와 잎 그림

(1|7은 17세)

줄기	잎
1	7 9
2	6 8 8 9
3	1 4 5 5 8

자료의 정리와 해석

히스토그램

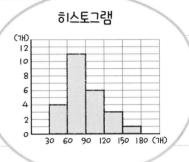

그래프로 나타내기

도수분포표

학교 수(개)	도시의 수(개)
30^{이상} ~ 60^{미만}	4
60 ~ 90	11
90 ~120	6
120 ~150	3
150 ~180	1
합계	25

계급

도수

도수분포다각형

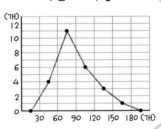

상대도수

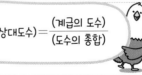

$$(\text{계급의 상대도수}) = \frac{(\text{계급의 도수})}{(\text{도수의 총합})}$$

상대도수의 분포표

독서 시간(시간)	도수(명)	상대도수
5^{이상} ~ 10^{미만}	4	0.1
10 ~15	10	0.25
15 ~20	8	0.2
20 ~25	12	0.3
25 ~30	6	0.15
합계	40	1

상대도수의 총합은 항상 1이다.

그래프로 나타내기

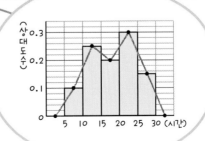

1 오른쪽 그림은 조선 시대 왕들의 수명을 조사하여 나타낸 줄기와 잎 그림이다. 다음 중 옳은 것은?

① 수명이 70세 이상인 왕은 3명이다.
② 잎이 가장 많은 줄기는 8이다.
③ 수명이 가장 짧은 왕은 20세까지 살았다.
④ 조사한 조선 시대의 왕은 모두 27명이다.
⑤ 줄기가 3인 잎은 1, 3, 4, 7, 8, 9의 6개이다.

조선 시대 왕들의 수명   (1 | 7은 17세)

줄기	잎
1	7
2	0 3
3	1 1 3 4 4 7 8 9
4	1 5 9
5	2 3 4 5 6 7 7
6	0 3 7 8
7	4
8	3

2 오른쪽 표는 다미네 반 학생들의 1년 동안의 박물관 방문 횟수를 조사하여 나타낸 도수분포표이다. 방문 횟수가 10회 이상 15회 미만인 학생 수와 방문 횟수가 10회 이상인 학생 수의 비가 $2 : 5$일 때, $A - B$의 값을 구하시오.

방문 횟수(회)	도수(명)
0^{이상} ~ 5^{미만}	6
5 ~ 10	9
10 ~ 15	A
15 ~ 20	8
20 ~ 25	B
합계	40

3 오른쪽 표는 영어 인증 시험 응시자들의 성적을 조사하여 나타낸 도수분포표이다. 시험의 통과 기준이 70점 이상일 때, 영어 인증 시험을 통과한 응시자는 전체의 몇 %인지 구하시오.

성적(점)	도수(명)
40^{이상} ~ 50^{미만}	6
50 ~ 60	15
60 ~ 70	27
70 ~ 80	25
80 ~ 90	
90 ~ 100	12
합계	100

4 오른쪽 표는 한 상자에 들어 있는 사과의 무게를 조사하여 나타낸 도수분포표이다. 다음 중 옳은 것은?

① A의 값은 4이다.
② 계급의 개수는 6개이다.
③ 무게가 250 g인 사과가 속하는 계급의 도수는 3개이다.
④ 도수가 가장 큰 계급은 200 g 이상 220 g 미만이다.
⑤ 무게가 220 g 미만인 사과는 전체의 50 %이다.

무게(g)	도수(개)
160^{이상}~180^{미만}	2
180 ~200	A
200 ~220	10
220 ~240	12
240 ~260	7
260 ~280	3
합계	40

5 오른쪽 그림은 우진이네 반 학생들이 한 달 동안 작성한 식물 관찰 일지의 개수를 조사하여 나타낸 히스토그램이다. 다음 중 옳지 <u>않은</u> 것은?

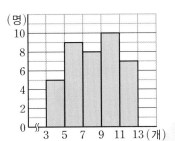

① 계급의 개수는 5개이다.
② 계급의 크기는 2개이다.
③ 전체 학생 수는 41명이다.
④ 도수가 가장 큰 계급의 도수는 10명이다.
⑤ 관찰 일지를 7번째로 적게 작성한 학생이 속하는 계급은 5개 이상 7개 미만이다.

6 오른쪽 그림은 균상이네 반 학생들의 하교 후 하루 공부 시간을 조사하여 나타낸 히스토그램이다. 도수가 가장 작은 계급과 도수가 가장 큰 계급의 직사각형의 넓이의 합을 구하시오.

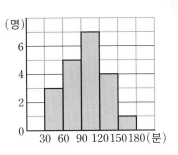

7 오른쪽 그림은 어느 중학교 학생 50명의 몸무게를 조사하여 나타낸 히스토그램인데 일부가 찢어져 보이지 않는다. 몸무게가 46 kg 이상인 학생이 전체의 32 %일 때, 몸무게가 38 kg 이상 46 kg 미만인 학생 수를 구하시오.

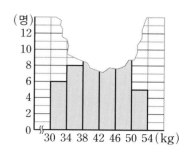

8 오른쪽 그림은 효준이네 반 학생들이 점심 식사를 하는 데 걸리는 시간을 조사하여 나타낸 도수분포다각형이다. 식사 시간이 15분 이하인 학생은 전체의 몇 %인지 구하시오.

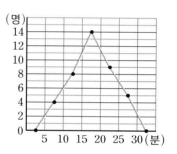

9 오른쪽 그림은 어느 반 학생들의 음악 실기 성적을 조사하여 나타낸 도수분포다각형이다. 성적이 하위 20 %에 속하는 학생들은 보충 수업을 받아야 할 때, 보충 수업을 받지 않으려면 적어도 몇 점 이상이어야 하는지 구하시오.

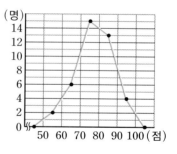

10 오른쪽 표는 현빈이네 반 학생들의 일주일 동안의 인터넷 강의 시청 시간을 조사하여 나타낸 도수분포표이다. 도수가 가장 큰 계급의 상대도수는?

① 0.3   ② 0.325

③ 0.35   ④ 0.375

⑤ 0.4

시청 시간(시간)	도수(명)
2^{이상}~3^{미만}	8
3 ~4	8
4 ~5	
5 ~6	7
6 ~7	5
합계	40

11 오른쪽 표는 어느 학교 학생들이 하루 동안 마시는 우유의 양을 조사하여 나타낸 상대도수의 분포표이다. 다음 중 $A \sim E$의 값으로 옳지 <u>않은</u> 것은?

① $A = 0.15$ ② $B = 20$

③ $C = 0.25$ ④ $D = 24$

⑤ $E = 80$

우유의 양(mL)	도수(명)	상대도수
$100^{이상} \sim 200^{미만}$	12	A
200 ~ 400	B	0.2
400 ~ 600	20	C
600 ~ 800	D	0.3
800 ~ 1000	8	0.1
합계	E	1

12 오른쪽 그림은 선아네 반 학생들의 한 달 용돈을 조사하여 나타낸 상대도수의 분포표인데 일부가 찢어져 보이지 않는다. 용돈이 3만 원 이상인 학생이 전체의 75 %일 때, 용돈이 2만 원 이상 3만 원 미만인 학생 수를 구하시오.

용돈(만 원)	도수(명)	상대도수
$1^{이상} \sim 2^{미만}$	4	0.1
2 ~ 3		
3 ~ 4		
합계		

13 오른쪽 그림은 가온이네 학교 학생 50명의 사회 성적에 대한 상대도수의 분포를 그래프로 나타낸 것이다. 성적이 60점 이상 80점 미만인 학생은 전체의 몇 %인가?

① 55 %   ② 56 %

③ 57 %   ④ 58 %

⑤ 59 %

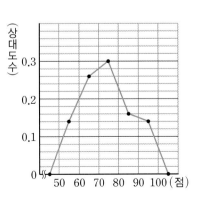

14 오른쪽 그림은 어느 해 9월에 아시아 지역들의 여행자 수에 대한 상대도수의 분포를 그래프로 나타낸 것이다. 여행자 수가 30명 미만인 지역의 수가 13곳일 때, 여행자 수가 40명 이상인 지역의 수를 구하시오.

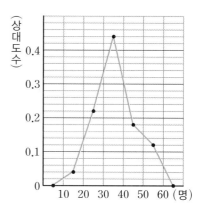

15 오른쪽 표는 어느 중학교 학생 회장 선거에서 1학년 1반과 1학년 전체 학생들의 후보별 지지도를 조사하여 나타낸 것이다. 1학년 1반과 1학년 전체에서 지지도에 대한 상대도수가 같은 후보를 구하면?

① A   ② B   ③ C
④ D   ⑤ A와 C

후보	학생 수(명)	
	1학년 1반	1학년 전체
A	6	40
B	10	50
C	11	58
D	13	52
합계	40	200

16 오른쪽 그림은 어느 중학교 남학생과 여학생의 키에 대한 상대도수의 분포를 그래프로 나타낸 것이다. 다음 보기 중 옳은 것을 모두 고르면?

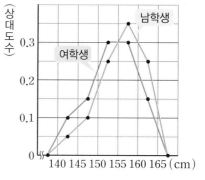

┤ 보기 ├
ㄱ. 남학생이 여학생보다 키가 작은 편이다.
ㄴ. 키가 150 cm 미만인 남학생은 남학생 전체의 15 %이다.
ㄷ. 남학생의 키를 나타내는 그래프와 가로축으로 둘러싸인 부분의 넓이가 여학생의 키를 나타내는 그래프와 가로축으로 둘러싸인 부분의 넓이보다 크다.

① ㄱ   ② ㄴ   ③ ㄷ
④ ㄱ, ㄴ   ⑤ ㄱ, ㄷ

중등 도서안내

비주얼 개념서

룩

이미지 연상으로 필수 개념을 쉽게 익히는 비주얼 개념서

국어   문학, 독서, 문법
영어   품사, 문법, 구문
수학   1(상), 1(하), 2(상), 2(하), 3(상), 3(하)
사회   ①, ②
역사   ①, ②
과학   1, 2, 3

필수 개념서

올리드

자세하고 쉬운 개념,
시험을 대비하는 특별한 비법이 한가득!

국어   1-1, 1-2, 2-1, 2-2, 3-1, 3-2
영어   1-1, 1-2, 2-1, 2-2, 3-1, 3-2
수학   1(상), 1(하), 2(상), 2(하), 3(상), 3(하)
사회   ①-1, ①-2, ②-1, ②-2
역사   ①-1, ①-2, ②-1, ②-2
과학   1-1, 1-2, 2-1, 2-2, 3-1, 3-2

* 국어, 영어는 미래엔 교과서 관련 도서입니다.

국어 독해·어휘 훈련서

깨독
깨우자 독해력

수능 국어 독해의 자신감을 깨우는 단계별 훈련서

독해   0_준비편, 1_기본편, 2_실력편, 3_수능편
어휘   1_종합편, 2_수능편

영문법 기본서

GRAMMAR BITE

중학교 핵심 필수 문법 공략, 내신·서술형·수능까지 한 번에!

문법   PREP
       Grade 1, Grade 2, Grade 3
       SUM

영어 독해 기본서

READING BITE

끊어 읽으며 직독직해하는 중학 독해의 자신감!

독해   PREP
       Grade 1, Grade 2, Grade 3
       PLUS 수능

영어 어휘 필독서

word BITE

중학교 전 학년 영어 교과서 분석, 빈출 핵심 어휘 단계별 집중!

어휘   핵심동사 561
       중등필수 1500
       중등심화 1200

정답 및 풀이

2

중등 수학 1 (하)

숲숲 읽으며 개념 잡는

개념수다

2

중등 수학 1 (하)

정답 및 풀이

I. 기본 도형

❶ 점, 선, 면

준비 해 보자
9쪽

❶ 두 점을 곧게 이은 선은 선분이라 한다. (×)
❷ 한 점에서 시작하여 한쪽으로 끝없이 늘인 곧은 선을 반직선
이라 한다. (○)
❸ 선분은 두 점을 잇는 가장 짧은 선이다. (○)
🖹 모험, 삶

○1 점, 선, 면
13쪽

❶-1 🖹 (1) 교점의 개수: 3개, 교선은 없다.
(2) 교점의 개수: 5개, 교선의 개수: 8개

(1) 평면도형에서 교점은 꼭짓점이므로
(교점의 개수)=(꼭짓점의 개수)=3(개)
평면도형에서 교선은 없다.
(2) 입체도형에서 교점은 꼭짓점이므로
(교점의 개수)=(꼭짓점의 개수)=5(개)
입체도형에서 교선은 모서리이므로
(교선의 개수)=(모서리의 개수)=8(개)

❶-2 🖹 2
교점의 개수는 꼭짓점의 개수와 같고 꼭짓점이 12개이므로
$a=12$
교선의 개수는 모서리의 개수와 같고 모서리가 18개이므로
$b=18$
면이 8개이므로 $c=8$
∴ $a-b+c=12-18+8=2$

○2 직선, 반직선, 선분
17쪽

❶-1 🖹 ㄱ, ㄹ

ㄴ. $\overrightarrow{AC}$와 $\overrightarrow{CA}$는 시작점과 뻗어 나가는 방향이 모두 다르므로
서로 다른 반직선이다.
ㄷ. 선분의 양 끝 점이 다르므로 $\overline{AB} \neq \overline{AC}$
이상에서 옳은 것은 ㄱ, ㄹ이다.

❷-1 🖹 3
세 점 A, B, C가 모두 직선 l 위에 있으므로 만들 수 있는 직선
은 직선 l의 1개이다.
∴ $a=1$
반직선은 $\overrightarrow{AB}$, $\overrightarrow{BC}$, $\overrightarrow{BA}$, $\overrightarrow{CB}$의 4개이다.
∴ $b=4$
∴ $b-a=4-1=3$

○3 두 점 사이의 거리
21쪽

❶-1 🖹 (1) 3 (2) 2, $\dfrac{2}{3}$

$\overline{AM}=\overline{MN}=\overline{NB}$이므로
(1) $\overline{AB}=3\overline{AM}$
(2) $\overline{AN}=2\overline{NB}=\dfrac{2}{3}\overline{AB}$

❶-2 🖹 14 cm
두 점 M, N이 각각 $\overline{AB}$, $\overline{BC}$의 중점이므로
$\overline{AB}=2\overline{MB}$, $\overline{BC}=2\overline{BN}$
∴ $\overline{AC}=\overline{AB}+\overline{BC}=2\overline{MB}+2\overline{BN}$
$=2(\overline{MB}+\overline{BN})=2\overline{MN}$
$=2 \times 7 = 14(cm)$

❷ 각

준비 해 보자
23쪽

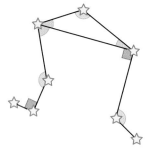

🖹 풀이 참조

O4 각

...(생략)

04 각 27쪽

①-1 답 **20°**

$(\angle x+10°)+90°+3\angle x=180°$

$4\angle x+100°=180°$

$4\angle x=80°$

$\therefore \angle x=20°$

②-1 답 **54°**

$\angle x+\angle y+\angle z=180°$이므로

$\angle z=180°\times\dfrac{3}{5+2+3}$

$=180°\times\dfrac{3}{10}$

$=54°$

05 맞꼭지각 31쪽

①-1 답 (1) **26°** (2) **35°**

(1) $3\angle x=78°$ (맞꼭지각)

$\therefore \angle x=26°$

(2) 오른쪽 그림에서

$90°+\angle x+55°=180°$

$\therefore \angle x=35°$

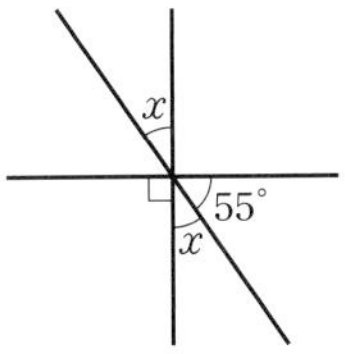

①-2 답 (1) $\angle x=50°$, $\angle y=65°$

　　　 (2) $\angle x=105°$, $\angle y=20°$

(1) $\angle x=50°$ (맞꼭지각)

$2\angle y+50°=180°$

$2\angle y=130°$

$\therefore \angle y=65°$

(2) $\angle x+55°=160°$ (맞꼭지각)

$\therefore \angle x=105°$

$160°+\angle y=180°$

$\therefore \angle y=20°$

06 수직과 수선 35쪽

①-1 답 ④

④ 점 A에서 직선 CD에 내린 수선의 발은 점 H이다.

따라서 옳지 않은 것은 ④이다.

①-2 답 **14**

점 C와 $\overline{AB}$ 사이의 거리는 $\overline{BC}$의 길이이다.

$\overline{BC}=8$ cm이므로

$x=8$

점 D와 $\overline{BC}$ 사이의 거리는 $\overline{CD}$의 길이이다.

$\overline{CD}=6$ cm이므로

$y=6$

$\therefore x+y=8+6=14$

③ 위치 관계

준비 해 보자 37쪽

❶ 면 ㄷㅅㅇㄹ과 수직인 면은 모두 4개이다.

　⇨ 행복, 행운

❷ 면 ㄱㄴㄷㄹ과 평행한 면은 모두 1개이다.

　⇨ 평화, 성실

❸ 꼭짓점 ㅂ에서 만나는 면은 모두 3개이다.

　⇨ 진리, 불변

　　답 **5월: 행복, 행운 2월: 평화, 성실 9월: 진리, 불변**

07 평면에서 두 직선의 위치 관계 .... 42~43쪽

①-1 답 ㄴ, ㄹ

ㄱ. 점 A는 직선 l 위에 있지 않다.

ㄷ. 점 D는 직선 m 위에 있다. 즉, 직선 m은 점 D를 지난다.

이상에서 옳은 것은 ㄴ, ㄹ이다.

①-2 답 **3**

모서리 AC 위에 있는 꼭짓점은 점 A, 점 C의 2개이므로

$a=2$

면 BCD 위에 있지 않은 꼭짓점은 점 A의 1개이므로

$b=1$

$\therefore a+b=2+1=3$

②-1 답 (1) $\overrightarrow{BC}$ (2) $\overleftrightarrow{CD}$ (3) $\overrightarrow{BC}$, $\overrightarrow{CD}$

②-2 답 ㄷ, ㄹ

ㄱ. $\overrightarrow{AB}$와 $\overrightarrow{BC}$는 한 점에서 만난다.

ㄴ. 점 D는 $\overrightarrow{BC}$ 위에 있지 않다.

　즉, $\overrightarrow{BC}$는 점 D를 지나지 않는다.

이상에서 옳은 것은 ㄷ, ㄹ이다.

○8 공간에서 두 직선의 위치 관계 ···· 46쪽

❶-1 답 (1) $\overrightarrow{AE}$, $\overrightarrow{BC}$, $\overrightarrow{AF}$, $\overrightarrow{BG}$, $\overrightarrow{CD}$, $\overrightarrow{DE}$

　　 (2) $\overrightarrow{FG}$

　　 (3) $\overrightarrow{CH}$, $\overrightarrow{DI}$, $\overrightarrow{EJ}$, $\overrightarrow{GH}$, $\overrightarrow{HI}$, $\overrightarrow{IJ}$, $\overrightarrow{FJ}$

❶-2 답 ②

② $\overline{AC}$와 $\overline{CG}$는 점 C에서 만난다.

따라서 $\overline{AC}$와 꼬인 위치에 있는 모서리가 아닌 것은 ②이다.

○9 공간에서 직선과 평면의 위치 관계 50쪽

❶-1 답 ④

④ 면 BFGC와 평행한 모서리는 $\overline{AE}$, $\overline{EH}$, $\overline{HD}$, $\overline{DA}$의 4개이다.

⑤ 면 EFGH와 수직인 모서리는 $\overline{AE}$, $\overline{BF}$, $\overline{CG}$, $\overline{DH}$의 4개이다.

따라서 옳지 않은 것은 ④이다.

❶-2 답 12

점 C와 면 ABFE 사이의 거리는 $\overline{BC}$의 길이이므로

$\overline{BC} = \overline{FG} = 7\,cm$ 　∴ $x = 7$

점 B와 면 EFGH 사이의 거리는 $\overline{BF}$의 길이이므로

$\overline{BF} = \overline{DH} = 5\,cm$ 　∴ $y = 5$

∴ $x + y = 7 + 5 = 12$

10 공간에서 두 평면의 위치 관계 ···· 54쪽

❶-1 답 3

면 BHIC와 평행한 면은 면 FLKE의 1개이므로 $a = 1$

면 BHIC와 수직인 면은 면 ABCDEF, 면 GHIJKL의 2개

이므로 $b = 2$

∴ $a + b = 1 + 2 = 3$

❶-2 답 ①, ⑤

면 AEGC와 수직인 면은 면 ABCD, 면 EFGH이다.

❹ 평행선의 성질

준비 해 보자　　57쪽

❶ 직선 가와 수직인 직선은 바이다.

❷ 직선 다와 평행한 직선은 마이다.

❸ 직선 다와 수직인 직선은 나이다.

따라서 ❶~❸의 □ 안에 들어갈 알맞은 것을 출발점으로 하여 사다리 타기를 하면 다음 그림과 같다.

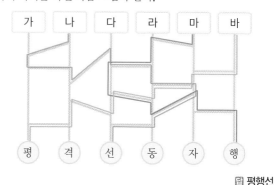

답 평행선

11 동위각과 엇각 ···· 60쪽

❶-1 답 (1) ∠f와 ∠i　(2) ∠e와 ∠l

②-1 답 (1) ∠f, 105°　(2) ∠b, 110°

(1) ∠a의 동위각은 ∠f이고

　∠f = 180° − 75° = 105°

(2) ∠e의 엇각은 ∠b이고

　∠b = 110° (맞꼭지각)

12 평행선의 성질 ···· 65~66쪽

❶-1 답 (1) ∠x = 115°, ∠y = 60°

　　 (2) ∠x = 105°, ∠y = 135°

(1) 오른쪽 그림에서 $l /\!/ m$이므로

∠x + 65° = 180°

∴ ∠x = 115°

∠y + 120° = 180°

∴ ∠y = 60°

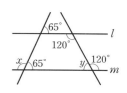

(2) 오른쪽 그림에서 $l /\!/ m$이므로

$\angle x = 45° + 60°$

$\quad = 105°$ (동위각)

$\angle y + 45° = 180°$

$\therefore \angle y = 135°$

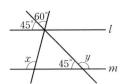

2-1 답 (1) **115°** (2) **70°**

(1) 오른쪽 그림과 같이 두 직선 l, m에 평행한 직선 n을 그으면 동위각의 크기가 각각 같으므로

$\angle x = 45° + 70°$

$\quad = 115°$

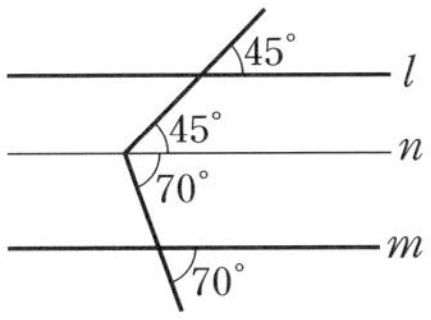

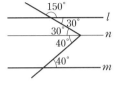

(2) 오른쪽 그림과 같이 두 직선 l, m에 평행한 직선 n을 그으면 엇각의 크기가 각각 같으므로

$\angle x = 30° + 40°$

$\quad = 70°$

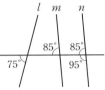

3-1 답 $m /\!/ n$

오른쪽 그림에서 동위각의 크기가 85°로 같으므로 두 직선 m, n은 평행하다.

$\therefore m /\!/ n$

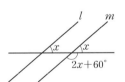

3-2 답 **40°**

두 직선 l, m이 평행하려면 동위각의 크기가 같아야 하므로 오른쪽 그림에서

$\angle x + (2\angle x + 60°) = 180°$

$3\angle x = 120°$

$\therefore \angle x = 40°$

문제를 GoGo! 풀어 보자

68~71쪽

1 ②	**2** 12개	**3** 25 cm	**4** 28°
5 60°	**6** ②	**7** ③	**8** ⑤
9 ⑤	**10** ③, ④	**11** 14	**12** 7
13 160°	**14** ③	**15** 77°	**16** ①

---

1 ② 점이 움직인 자리는 선이 되고, 선이 움직인 자리는 면이 된다.

따라서 옳지 않은 것은 ②이다.

2 두 점 C, D를 이어서 만들 수 있는 반직선은

$\overrightarrow{CD}$, $\overrightarrow{DC}$

의 2개이고,

두 점 C, D 중 한 점과 두 점 A, B를 이어서 만들 수 있는 반직선은

$\overrightarrow{AC}$, $\overrightarrow{CA}$, $\overrightarrow{BC}$, $\overrightarrow{CB}$, $\overrightarrow{AD}$, $\overrightarrow{DA}$, $\overrightarrow{BD}$, $\overrightarrow{DB}$

의 8개이다.

두 점 A, B를 이어서 만들 수 있는 반직선은

$\overrightarrow{AB}$, $\overrightarrow{BA}$

의 2개이다.

따라서 만들 수 있는 서로 다른 반직선의 개수는

$2 + 8 + 2 = 12$(개)

이다.

3 (가)~(다)에 의하여 네 점 O, P, Q, R를 선분 AB 위에 나타내면 다음 그림과 같다.

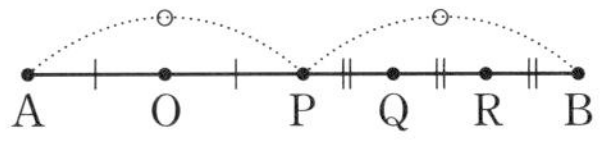

$\overline{OP} = \dfrac{1}{2}\overline{AP} = \dfrac{1}{2} \times \dfrac{1}{2}\overline{AB}$

$\quad = \dfrac{1}{4}\overline{AB} = \dfrac{1}{4} \times 60 = 15\,(cm)$

$\overline{PQ} = \dfrac{1}{3}\overline{PB} = \dfrac{1}{3} \times \dfrac{1}{2}\overline{AB}$

$\quad = \dfrac{1}{6}\overline{AB} = \dfrac{1}{6} \times 60 = 10\,(cm)$

$\therefore \overline{OQ} = \overline{OP} + \overline{PQ} = 15 + 10 = 25\,(cm)$

4 $80° + \angle x + (3\angle x - 12°) = 180°$이므로

$4\angle x + 68° = 180°$, $4\angle x = 112°$

$\therefore \angle x = 28°$

5 $\angle AOC = 90°$이고 $\angle AOB : \angle BOC = 2 : 1$이므로

$\angle AOB = 90° \times \dfrac{2}{2+1} = 90° \times \dfrac{2}{3} = 60°$

6 $\angle a$와 $\angle b$가 맞꼭지각이므로 $\angle a = \angle b$

$\angle a + \angle b = 230°$에서

$2\angle a = 230°$ $\therefore \angle a = 115°$

$\therefore \angle x = 180° - \angle a = 180° - 115° = 65°$

7 점 A와 $\overline{BC}$ 사이의 거리는 $\overline{AD}$의 길이이므로
4.8 cm이다.

  $\therefore a = 4.8$

  점 B와 $\overline{AC}$ 사이의 거리는 $\overline{AB}$의 길이이므로
8 cm이다.

  $\therefore b = 8$

  $\therefore a + b = 4.8 + 8 = 12.8$

8 ⑤ 두 직선 l, m의 교점은 점 C이다.
따라서 옳지 않은 것은 ⑤이다.

9 ㄷ. $\overrightarrow{AB}$와 $\overrightarrow{FG}$는 한 점에서 만난다.
  ㄹ. $\overrightarrow{DO}$와 $\overrightarrow{HO}$는 일치한다.
  이상에서 옳지 않은 것은 ㄷ, ㄹ이다.

10 서로 만나지도 않고 평행하지도 않은 모서리는 꼬인 위치에
있으므로 꼬인 위치에 있는 모서리끼리 짝 지은 것은
③ $\overline{AC}$, $\overline{BD}$와 ④ $\overline{AD}$, $\overline{BC}$이다.

11 면 CHID와 평행한 모서리는
  $\overline{AF}$, $\overline{BG}$, $\overline{EJ}$
  의 3개이므로
  $a = 3$
  선분 HJ와 꼬인 위치에 있는 모서리는
  $\overline{AF}$, $\overline{BG}$, $\overline{DI}$, $\overline{BC}$, $\overline{CD}$, $\overline{DE}$, $\overline{AE}$
  의 7개이므로
  $b = 7$
  모서리 DI와 수직으로 만나는 모서리는
  $\overline{CD}$, $\overline{DE}$, $\overline{HI}$, $\overline{IJ}$
  의 4개이므로
  $c = 4$
  $\therefore a + b + c = 3 + 7 + 4 = 14$

12 모서리 BC와 꼬인 위치에 있는 모서리는
  $\overline{AD}$, $\overline{DE}$, $\overline{DG}$, $\overline{EF}$, $\overline{FG}$
  의 5개이므로
  $a = 5$
  모서리 CF를 포함하는 면은
  면 BCF, 면 CFG
  의 2개이므로
  $b = 2$
  $\therefore a + b = 5 + 2 = 7$

13 $\angle a$의 동위각의 크기는 105°이다.
또, 크기가 55°인 각의 맞꼭지각의 크기는 55°이므로
$\angle b$의 엇각의 크기는 55°이다.
따라서 구하는 두 각의 크기의 합은
$105° + 55° = 160°$

14 ③ 오른쪽 그림과 같이 크기가 125°인
각의 동위각의 크기가
$180° - 45° = 135°$
이므로 두 직선 l, m은 평행하지 않다.

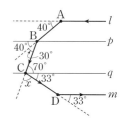

15 오른쪽 그림과 같이 두 점 B, C
를 각각 지나고 두 직선 l, m에
평행한 직선 p, q를 그으면
$\angle x + 70° + 33° = 180°$
$\therefore \angle x = 77°$

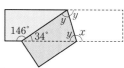

16 오른쪽 그림에서 직사각형의
두 변이 서로 평행하므로 엇
각의 크기는 같다.
또, 삼각형의 세 각의 크기의 합은
180°이므로
$34° + 2\angle y = 180°$
$\therefore \angle y = 73°$
$\angle x + \angle y = 180°$에서
$\angle x + 73° = 180°$
$\therefore \angle x = 107°$
$\therefore \angle x - \angle y = 107° - 73° = 34°$

Ⅱ. 작도와 합동

❺ 삼각형의 작도

 해 보자   75쪽

한 변의 길이가 8 cm인 정삼각형을 그리는 순서를 나열하면 다
음과 같다.

❶ 길이가 8 cm인 선분을 그린다. ⇨ 동
❷ 선분의 한 끝 점에서 각도기를 사용하여 크기가 60°인 각을 그린다. ⇨ 상
❸ 선분의 다른 끝 점에서 각도기를 사용하여 크기가 60°인 각을 그린다. ⇨ 이
❹ 두 각이 만나는 점을 이어 삼각형을 그린다. ⇨ 몽
따라서 구하는 사자성어는 '동상이몽'이다.

🖪 **동상이몽**

13 작도 ──────── 79~80쪽

❶-1 🖪 $\overline{AB}$, C, $\overline{AB}$, 정삼각형

❶ 두 점 A, B를 중심으로 반지름의 길이가 $\boxed{\overline{AB}}$ 인 원을 각각 그려 두 원의 교점을 $\boxed{C}$ 라 한다.
❷ $\overline{AC}$와 $\overline{BC}$를 각각 그으면 $\overline{AC}=\overline{BC}=\boxed{\overline{AB}}$ 이므로 삼각형 ABC는 $\boxed{정삼각형}$이다.

❷-1 🖪 ④

①, ②, ⑤ 두 점 O, P를 중심으로 반지름의 길이가 $\overline{OA}$인 원을 각각 그린 것이므로
$\overline{OA}=\overline{OB}=\overline{PC}=\overline{PD}$
③ 두 점 B, D를 중심으로 반지름의 길이가 $\overline{AB}$인 원을 각각 그린 것이므로
$\overline{AB}=\overline{CD}$
따라서 옳지 않은 것은 ④이다.

14 삼각형 ABC ──────── 84쪽

❶-1 🖪 ㄱ, ㄴ

ㄴ. ∠B의 대변은 변 AC이므로
(∠B의 대변의 길이)$=\overline{AC}=12$ cm
ㄷ. 변 AB의 대각은 ∠C이고, ∠C는 90°가 아니다.
이상에서 옳은 것은 ㄱ, ㄴ이다.

❷-1 🖪 ⑤

(i) 가장 긴 변의 길이가 x일 때
$x<3+6=9$ ∴ $x<9$
(ii) 가장 긴 변의 길이가 6일 때
$6<3+x$ ∴ $x>3$
(i), (ii)에서 x의 값의 범위는 $3<x<9$
따라서 x의 값이 될 수 없는 것은 ⑤이다.

15 삼각형의 작도 ──────── 89쪽

❶-1 🖪 $\overline{BC}$, ∠B, c, A, $\overline{AC}$

❶ 한 직선을 긋고, 그 위에 길이가 a인 $\boxed{\overline{BC}}$ 를 작도한다.
❷ $\overline{BC}$를 한 변으로 하고 $\boxed{∠B}$와 크기가 같은 ∠XBC를 작도한다.
❸ 점 B를 중심으로 반지름의 길이가 $\boxed{c}$ 인 원을 그려 $\overrightarrow{BX}$와의 교점을 $\boxed{A}$ 라 한다.
❹ $\boxed{\overline{AC}}$ 를 그으면 △ABC가 구하는 삼각형이다.

❶-2 🖪 ㄱ

한 변 AB의 길이와 그 양 끝 각 ∠A, ∠B의 크기가 주어질 때, △ABC는 다음과 같이 작도할 수 있다.
(i) 한 변을 먼저 작도한 후 두 각을 작도한다.
ㄴ. $\overline{AB} →$ ∠A $→$ ∠B
(ii) 한 각을 먼저 작도한 후 변을 작도하고 나머지 각을 작도한다.
ㄷ. ∠A $→ \overline{AB} →$ ∠B 또는 ㄹ. ∠B $→ \overline{AB} →$ ∠A
따라서 작도하는 순서로 옳지 않은 것은 ㄱ이다.

16 삼각형이 하나로 정해지는 경우 ──────── 93쪽

❶-1 🖪 ④

① 세 변의 길이가 주어진 경우이므로 △ABC가 하나로 정해진다.
② 두 변의 길이와 그 끼인각의 크기가 주어진 경우이므로 △ABC가 하나로 정해진다.
③, ⑤ 한 변의 길이와 그 양 끝 각의 크기가 주어진 경우이므로 △ABC가 하나로 정해진다.
④ ∠C는 $\overline{AB}$와 $\overline{AC}$의 끼인각이 아니므로 △ABC가 하나로 정해지지 않는다.
따라서 △ABC가 하나로 정해지기 위해 더 필요한 조건이 아닌 것은 ④이다.

❶-2 🖪 ㄱ, ㄷ, ㄹ

ㄱ. 두 변의 길이와 그 끼인각의 크기가 주어진 경우이므로 △ABC가 하나로 정해진다.
ㄴ. ∠B는 $\overline{AB}$와 $\overline{AC}$의 끼인각이 아니므로 △ABC가 하나로 정해지지 않는다.
ㄷ. ∠A$=180°-(60°+100°)=20°$
따라서 $\overline{AB}$의 길이와 그 양 끝 각 ∠A, ∠B의 크기가 주어진 경우와 같으므로 △ABC가 하나로 정해진다.

ㄹ. 한 변의 길이와 그 양 끝 각의 크기가 주어진 경우이므로
  △ABC가 하나로 정해진다.
이상에서 △ABC가 하나로 정해지기 위해 필요한 나머지 한 조
건으로 알맞은 것은 ㄱ, ㄷ, ㄹ이다.

⑥ 도형의 합동

준비 해 보자

포개었을 때 완전히 겹쳐지는 두 도형끼리 연결하면 다음과 같다.

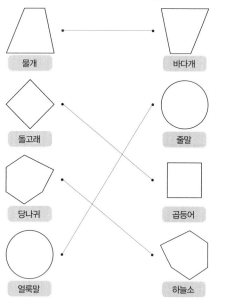

물개	바다개
돌고래	줄말
당나귀	곱등어
얼룩말	하늘소

📋 물개-바다개, 돌고래-곱등어,
당나귀-하늘소, 얼룩말-줄말

17 도형의 합동
98쪽

①-1 답 ④

① $\overline{DE}=\overline{AB}=8\,cm$

② $\angle B=\angle E=40°$

③ $\overline{BC}=\overline{EF}=10\,cm$

④ $\angle F=\angle C=65°$이므로
  $\angle D=180°-(65°+40°)=75°$

⑤ $\overline{AC}=\overline{DF}=7\,cm$

따라서 옳지 않은 것은 ④이다.

①-2 답 74

$\overline{AC}=\overline{DF}=9\,cm$이므로

$x=9$

$\angle D=\angle A=65°$이므로

$y=65$

∴ $x+y=9+65=74$

18 삼각형의 합동 조건
102쪽

①-1 답 ㄱ과 ㄷ(또는 △ABC와 △HGI), SAS 합동
/ ㄴ과 ㅁ(또는 △DEF와 △MNO), ASA 합동
/ ㄹ과 ㅂ(또는 △JKL과 △PRQ), SSS 합동

[ㄱ과 ㄷ] △ABC와 △HGI에서

$\overline{AB}=\overline{HG}=8\,cm$,

$\overline{AC}=\overline{HI}=7\,cm$,

$\angle A=\angle H=55°$

∴ △ABC≡△HGI (SAS 합동)

[ㄴ과 ㅁ] △DEF와 △MNO에서

$\angle D=\angle M=30°$,

$\overline{DF}=\overline{MO}=8\,cm$,

$\angle F=180°-(50°+30°)=100°=\angle O$

∴ △DEF≡△MNO (ASA 합동)

[ㄹ과 ㅂ] △JKL과 △PRQ에서

$\overline{JK}=\overline{PR}=8\,cm$,

$\overline{KL}=\overline{RQ}=10\,cm$,

$\overline{LJ}=\overline{QP}=7\,cm$

∴ △JKL≡△PRQ (SSS 합동)

문제를 풀어 보자 GoGo!
104~107쪽

1 ⑤	2 ③	3 ⑤	4 ②
5 ④	6 ③	7 ③	8 ①
9 ④	10 ⑤	11 ①,③	12 ①,④
13 ③	14 ②		

8 정답 및 풀이

1 두 점을 연결하여 선분을 그리거나 선분을 연장할 때는 눈금 없는 자를 사용한다.

2 $\overline{OA}=\overline{OB}=\overline{PC}=\overline{PD}$, $\overline{AB}=\overline{CD}$

3 (마): $\overrightarrow{PR}$

4 가장 긴 변의 길이가 나머지 두 변의 길이의 합보다 작아야 한다.
① $6=2+4$ (×)
② $8<3+6$ (○)
③ $11>4+6$ (×)
④ $13>5+7$ (×)
⑤ $14=6+8$ (×)
따라서 삼각형의 세 변의 길이가 될 수 있는 것은 ②이다.

5 (ⅰ) 가장 긴 변의 길이가 x cm일 때
　　$x<3+8$　∴ $x<11$
(ⅱ) 가장 긴 변의 길이가 8 cm일 때
　　$8<x+3$　∴ $x>5$
(ⅰ), (ⅱ)에서
$5<x<11$

6 © 점 $\boxed{C}$를 중심으로 반지름의 길이가 b인 원을 그린다.

7 ① 가장 긴 변의 길이가 나머지 두 변의 길이의 합과 같으므로 △ABC가 그려지지 않는다.
② 가장 긴 변의 길이가 나머지 두 변의 길이의 합보다 크므로 △ABC가 그려지지 않는다.
③ ∠B는 $\overline{AB}$, $\overline{BC}$의 끼인각이므로 △ABC가 하나로 정해진다.
④ 세 각의 크기가 주어지면 무수히 많은 삼각형이 그려진다.
⑤ ∠B와 ∠C의 크기의 합이 $180°$이므로 △ABC가 그려지지 않는다.
따라서 △ABC가 하나로 정해지는 것은 ③이다.

8 ① 오른쪽 그림과 같은 두 삼각형은 넓이가 같지만 합동이 아니다.

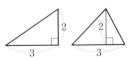

9 △ABC≡△QCP≡△NPM이므로
① $\overline{CB}=\overline{PC}=\overline{MP}$
② $\overline{AC}=\overline{QP}=\overline{NM}$
③ $\overline{AB}=\overline{QC}=\overline{NP}$이므로
　$\overline{QB}=\overline{BC}-\overline{QC}=\overline{CP}-\overline{NP}=\overline{NC}$

④ ∠ACB＝∠QPC＝∠NMP
⑤ ∠CAB＝∠PQC＝∠MNP
따라서 옳지 않은 것은 ④이다.

10 ① 나머지 한 각의 크기는
　　$180°-(64°+40°)=76°$
①과 ③의 삼각형은 SAS 합동, ①과 ②, ①과 ④의 삼각형은 ASA 합동이므로 나머지 넷과 합동이 아닌 하나는 ⑤이다.

11 ② $\overline{AC}=\overline{DF}$, ∠A＝∠D이면 대응하는 한 변의 길이가 같고, 그 양 끝 각의 크기가 각각 같으므로 합동이다.
（ASA 합동）
④ $\overline{BC}=\overline{EF}$, ∠B＝∠E이면 대응하는 한 변의 길이가 같고, 그 양 끝 각의 크기가 각각 같으므로 합동이다.
（ASA 합동）
⑤ $\overline{AC}=\overline{DF}$, $\overline{BC}=\overline{EF}$이면 대응하는 두 변의 길이가 각각 같고, 그 끼인각의 크기가 같으므로 합동이다.
（SAS 합동）
따라서 필요한 조건이 아닌 것은 ①, ③이다.

12 △ABC와 △CDA에서
$\overline{AB}=\overline{CD}$,
$\overline{BC}=\overline{DA}$,
$\overline{AC}$는 공통
∴ △ABC≡△CDA (SSS 합동) (②)
따라서 ∠ABC＝∠CDA(③),
∠BAC＝∠DCA(⑤)

13 $\overline{AB}$∥$\overline{DC}$이고 점 F는 $\overline{AB}$의 연장선 위의 점이므로
$\overline{AF}$∥$\overline{CD}$(④)
△AEF와 △DEC에서
$\overline{AE}=\overline{DE}$,
∠FAE＝∠CDE (엇각),
∠FEA＝∠CED (맞꼭지각) (⑤)
∴ △AEF≡△DEC (ASA 합동) (①)
∴ ∠AFE＝∠DCE(②)

14 ㄱ. △OAP와 △OBP에서
∠APO＝∠BPO,
$\overline{OP}$는 공통,
∠AOP＝∠BOP
이므로 △OAP≡△OBP (ASA 합동)
∴ $\overline{OA}=\overline{OB}$

ㄷ. △OAP와 △OBP에서

$\overline{OA} = \overline{OB}$,

$\overline{OP}$는 공통,

$\angle AOP = \angle BOP$

이므로 △OAP ≡ △OBP (SAS 합동)

∴ $\overline{AP} = \overline{BP}$

이상에서 옳은 것은 ㄱ, ㄷ이다.

Ⅲ. 평면도형

❼ 다각형

준비 해 보자
111쪽

❶ 오각형의 변의 개수는 5개이고, 대각선의 개수는 5개이다.
(×)

❷ 직사각형은 두 대각선의 길이가 서로 같다. (○)

❸ 직사각형은 모든 각의 크기가 같지만 모든 변의 길이가 같지 않으므로 정다각형이 아니다. (×)

❹ 정다각형은 변의 길이가 모두 같고, 각의 크기도 모두 같다.
(○)

目 실패, 성공

19 다각형과 정다각형
115쪽

❶-1 目 $\angle x = 130°$, $\angle y = 55°$

$\angle x = 180° - 50° = 130°$

$\angle y = 180° - 125° = 55°$

❷-1 目 ㄱ

ㄱ. 마름모는 모든 변의 길이가 같지만 정다각형이 아니다.

ㄷ. 삼각형은 세 변의 길이만 같거나 세 내각의 크기만 같아도 정삼각형이 된다.

이상에서 옳지 않은 것은 ㄱ뿐이다.

20 다각형의 대각선의 개수
118쪽

❶-1 目 104개

구하는 다각형을 n각형이라 하면

$n - 3 = 13$ ∴ $n = 16$

따라서 구하는 다각형은 십육각형이고, 십육각형의 대각선의 개수는

$\dfrac{16 \times (16-3)}{2} = 104$(개)

❷-1 目 정구각형

㉮에서 구하는 다각형은 정다각형이다.

구하는 다각형을 정n각형이라 하면 ㉯에 의하여

$\dfrac{n(n-3)}{2} = 27$

$n(n-3) = 54 = 9 \times 6$ ∴ $n = 9$

따라서 구하는 다각형은 정구각형이다.

21 삼각형의 내각
121쪽

❶-1 目 95°

$\angle ABC = 40°$ (맞꼭지각)이고

$\angle BAC = 180° - 135° = 45°$이므로

$45° + 40° + \angle x = 180°$

$85° + \angle x = 180°$ ∴ $\angle x = 95°$

❷-1 目 40°

$180° \times \dfrac{4}{4+5+9} = 180° \times \dfrac{4}{18} = 40°$

22 삼각형의 내각과 외각 사이의 관계
124쪽

❶-1 目 127°

$180° - 135° = 45°$이므로

$\angle x + 10° = 92° + 45° = 137°$

∴ $\angle x = 127°$

❷-1 目 $\angle x = 95°$, $\angle y = 67°$

$\angle x = 50° + 45° = 95°$

$95° = \angle y + 28°$이므로

$\angle y = 67°$

23 다각형의 내각 ·········· 128쪽

①-1 답 ③

구하는 정다각형을 정n각형이라 하면

$$\frac{180°\times(n-2)}{n}=150°$$

$$180°\times(n-2)=150°\times n$$

$$180°\times n-360°=150°\times n$$

$$30°\times n=360°$$

$$\therefore n=12$$

따라서 구하는 정다각형은 정십이각형이다.

②-1 답 **140°**

$$(\text{육각형의 내각의 크기의 합})=180°\times(6-2)$$
$$=720°$$

$$135°+100°+125°+105°+115°+\angle x=720°$$

$$\therefore \angle x=140°$$

24 다각형의 외각 ·········· 132~133쪽

①-1 답 **55°**

$$\angle x+65°+90°+15°+110°+25°=360°$$

$$\therefore \angle x=55°$$

①-2 답 (1) **80°** (2) **110°**

(1) 오른쪽 그림에서
$$180°-95°=85°\text{이므로}$$
$$85°+80°+\angle x+115°=360°$$
$$\therefore \angle x=80°$$

(2) 오른쪽 그림에서
$$180°-120°=60°,$$
$$180°-90°=90°$$
이므로
$$75°+(180°-\angle x)+65°+60°+90°=360°$$
$$\therefore \angle x=110°$$

②-1 답 **8개**

구하는 정다각형을 정n각형이라 하면

$$\frac{360°}{n}=45° \quad \therefore n=8$$

따라서 구하는 정다각형은 정팔각형이고 변의 개수는 8개이다.

③-1 답 **정오각형**

$$(\text{한 외각의 크기})=180°\times\frac{2}{3+2}=180°\times\frac{2}{5}=72°$$

구하는 정다각형을 정n각형이라 하면

$$\frac{360°}{n}=72°\text{이므로 }n=5$$

따라서 구하는 정다각형은 정오각형이다.

❽ 원과 부채꼴

❶ $4\times4\times3=48$

❷ $2\times2\times3.1=12.4$

❸ $1\times1\times3.14=3.14$

❹ $5\times5\times3=75$

❺ $3\times3\times3.1=27.9$

따라서 사다리 타기를 하면 다음 그림과 같다.

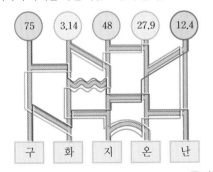

답 지구 온난화

25 원과 부채꼴 ·········· 139쪽

①-1 답 ㄷ, ㄹ

ㄱ. 원 위의 두 점 A, B를 양 끝 점으로 하는 호는 $\overgroup{AB}$와 $\overgroup{ACB}$의 2개이다.

ㄴ. 가장 긴 현은 지름이고, 지름의 길이는 $10\,\text{cm}$이다.

이상에서 옳은 것은 ㄷ, ㄹ이다.

①-2 답 (1) 정삼각형 (2) **60°**

(1) $\overline{OA}=\overline{OB}=\overline{AB}$이므로 △OAB는 정삼각형이다.

(2) 호 AB에 대한 중심각은 ∠AOB이고, △OAB는 정삼각형이므로 ∠AOB=$60°$이다.

26 부채꼴의 성질 ··············· 144쪽

1-1 🔲 (1) **150** (2) **40**

(1) $x:60=10:4$에서
$\quad x:60=5:2,\ 2x=300$
$\quad \therefore x=150$

(2) $x:90=8:18$에서
$\quad x:90=4:9,\ 9x=360$
$\quad \therefore x=40$

2-1 🔲 **80°**

$\angle \mathrm{AOB}=360°\times\dfrac{2}{2+3+4}=360°\times\dfrac{2}{9}=80°$

27 원의 둘레의 길이와 넓이 ··············· 147쪽

1-1 🔲 (1) **7 cm** (2) **10 cm**

원의 반지름의 길이를 r cm라 하면
(1) $\pi r^2=49\pi,\ r^2=49=7^2$
$\quad \therefore r=7$
따라서 원의 반지름의 길이는 7 cm이다.
(2) $\pi r^2=100\pi,\ r^2=100=10^2$
$\quad \therefore r=10$
따라서 원의 반지름의 길이는 10 cm이다.

2-1 🔲 **8π cm, 8π cm^2**

(색칠한 부분의 둘레의 길이)
$=$(큰 원의 둘레의 길이)$+$(작은 원의 둘레의 길이)
$=2\pi\times3+2\pi\times1$
$=6\pi+2\pi$
$=8\pi$(cm)
(색칠한 부분의 넓이)
$=$(큰 원의 넓이)$-$(작은 원의 넓이)
$=\pi\times3^2-\pi\times1^2$
$=9\pi-\pi$
$=8\pi$(cm^2)

28 부채꼴의 호의 길이와 넓이 ··············· 151~152쪽

1-1 🔲 **144°**

부채꼴의 중심각의 크기를 $x°$라 하면
$2\pi\times10\times\dfrac{x}{360}=8\pi$이므로 $x=144$
따라서 부채꼴의 중심각의 크기는 144°이다.

2-1 🔲 **80°**

부채꼴의 중심각의 크기를 $x°$라 하면
$\pi\times3^2\times\dfrac{x}{360}=2\pi$이므로 $x=80$
따라서 부채꼴의 중심각의 크기는 80°이다.

3-1 🔲 **15π cm^2**

(부채꼴의 넓이)$=\dfrac{1}{2}\times6\times5\pi=15\pi$(cm^2)

4-1 🔲 **$(4\pi+4)$ cm, 2π cm^2**

(색칠한 부분의 둘레의 길이)
$=$(사분원의 호의 길이)$+$(반원의 호의 길이)$+$(선분의 길이)
$=2\pi\times4\times\dfrac{90}{360}+2\pi\times2\times\dfrac{180}{360}+4$
$=2\pi+2\pi+4$
$=4\pi+4$(cm)
(색칠한 부분의 넓이)
$=$(사분원의 넓이)$-$(반원의 넓이)
$=\pi\times4^2\times\dfrac{90}{360}-\pi\times2^2\times\dfrac{180}{360}$
$=4\pi-2\pi$
$=2\pi$(cm^2)

문제를 Go Go! 풀어 보자 ··············· 154~157쪽

1 ②	**2** ③,④	**3** ③	**4** ⑤
5 29°	**6** 22°	**7** ①	**8** ③
9 192	**10** 21	**11** 180°	**12** 18 cm^2
13 ③	**14** ④	**15** 200°	**16** ③

1　$\angle x=180°-120°=60°$
$\quad \angle y=180°-105°=75°$
$\quad \therefore \angle x+\angle y=60°+75°=135°$

2　③ 직사각형은 모든 외각의 크기가 같지만 정다각형이 아니다.
④ 오른쪽 그림과 같이 정육각형에서 모든 대각선의 길이가 같은 것은 아니다.

따라서 옳지 않은 것을 모두 고르면 ③, ④이다.

3 십오각형의 한 꼭짓점에서 그을 수 있는 대각선의 개수는
$15-3=12$(개)이므로
$a=12$
십오각형의 대각선의 개수는
$$\frac{15\times(15-3)}{2}=\frac{15\times12}{2}=90 \text{(개)이므로}$$
$b=90$
$\therefore b-a=90-12=78$

4 구하는 다각형을 n각형이라 하면
(가)에서 대각선의 개수가 35개이므로
$$\frac{n(n-3)}{2}=35, \ n(n-3)=70$$
$70=10\times7$이므로 $n=10$
(나)에서 구하는 다각형은 정다각형이므로 구하는 다각형은 정십각형이다.

5 $\triangle$DBC에서
$\angle B=180°-(85°+34°)$
$\qquad=61°$
$\triangle$ABC에서
$\angle x=180°-(\angle B+\angle C)$
$\qquad=180°-(61°+90°)$
$\qquad=29°$

6 $\overline{AB}=\overline{AC}=\overline{CD}=\overline{DE}$이므로
$\triangle$ABC, $\triangle$ACD, $\triangle$DCE는 모두 이등변삼각형이다.
또, 삼각형의 한 외각의 크기는 그와 이웃하지 않는 두 내각의 크기의 합과 같으므로
$\angle ACB=\angle ABC=\angle x$
$\angle ADC=\angle DAC=2\angle x$
$\angle DEC=\angle DCE=\angle x+2\angle x=3\angle x$
$\angle FDE=\angle x+3\angle x=4\angle x$
즉, $4\angle x=88°$이므로 $\angle x=22°$

7 주어진 다각형을 n각형이라 하면
$180°\times(n-2)=900°, \ n-2=5$
$\therefore n=7$
따라서 칠각형의 꼭짓점의 개수는 7개이다.

8 (가), (나)에서 구하는 다각형은 정다각형이다.
(다)에서 내각의 크기의 합이 1620°이므로 구하는 다각형을 정n각형이라 하면

9 정이십각형의 한 내각의 크기는
$$\frac{180°\times(20-2)}{20}=162° \qquad \therefore a=162$$
정십이각형의 한 외각의 크기는
$$\frac{360°}{12}=30° \qquad \therefore b=30$$
$\therefore a+b=162+30=192$

10 한 원에서 부채꼴의 호의 길이는 중심각의 크기에 정비례하므로
$105:70=x:14$에서
$3:2=x:14, \ 2x=42$
$\therefore x=21$

11 $\angle AOB:\angle BOC:\angle COA$
$=\overset{\frown}{AB}:\overset{\frown}{BC}:\overset{\frown}{CA}$
$=4:5:9$
한편, $\angle AOB+\angle BOC+\angle COA=360°$이므로
$$\angle COA=360°\times\frac{9}{4+5+9}$$
$$\qquad=360°\times\frac{9}{18}$$
$$\qquad=180°$$

12 부채꼴의 호의 길이는 중심각의 크기에 정비례하므로
$\angle AOB:\angle COD$
$=\overset{\frown}{AB}:\overset{\frown}{CD}$
$=3:5$
부채꼴 AOB의 넓이를 $x \ \text{cm}^2$라 하면 부채꼴의 넓이는 중심각의 크기에 정비례하므로
$3:5=x:30, \ 5x=90$
$\therefore x=18$
따라서 부채꼴 AOB의 넓이는 $18 \ \text{cm}^2$이다.

13 $\triangle$AOB는 $\overline{OA}=\overline{OB}$인 이등변삼각형이므로
$\angle OBA=\angle OAB=70°$
$\triangle$AOB에서
$\angle AOB=180°-(70°+70°)=40°$
$\overline{AB}=\overline{BC}$이므로
$\angle AOB=\angle BOC$
$\therefore \angle AOC=2\angle AOB=2\times40°=80°$

14 부채꼴의 반지름의 길이를 r cm라 하면

$$2\pi r \times \frac{240}{360} = 8\pi$$

$$2\pi r \times \frac{2}{3} = 8\pi \qquad \therefore r = 6$$

$$\therefore (\text{부채꼴의 넓이}) = \pi \times 6^2 \times \frac{240}{360}$$
$$= 24\pi \, (\text{cm}^2)$$

15 부채꼴의 반지름의 길이를 r cm라 하면

$$\frac{1}{2} \times r \times 10\pi = 45\pi, \; 5\pi r = 45\pi$$

$$\therefore r = 9$$

부채꼴의 중심각의 크기를 $x°$라 하면

$$2\pi \times 9 \times \frac{x}{360} = 10\pi, \; \frac{\pi}{20} \times x = 10\pi$$

$$\therefore x = 200$$

따라서 부채꼴의 중심각의 크기는 200°이다.

16 (색칠한 부분의 둘레의 길이)
  = (큰 원의 둘레의 길이) + (작은 원의 둘레의 길이) × 2
  = $2\pi \times 12 + (2\pi \times 6) \times 2$
  = $24\pi + 24\pi$
  = $48\pi \, (\text{cm})$
(색칠한 부분의 넓이)
  = (큰 원의 넓이) − (작은 원의 넓이) × 2
  = $\pi \times 12^2 - (\pi \times 6^2) \times 2$
  = $144\pi - 72\pi$
  = $72\pi \, (\text{cm}^2)$

Ⅳ. 입체도형

❾ 다면체와 회전체

161쪽

준비 해 보자

❶ 두 밑면이 서로 평행하고 합동인 다각형으로 이루어진 기둥 모양의 입체도형은 각기둥이다. (○) ⇨ 몬

❷ 밑면이 다각형이고 옆면이 모두 삼각형인 입체도형은 각뿔이다. (×) ⇨ 테

❸ 두 밑면이 서로 평행하고 합동인 원이며, 옆면이 곡면인 기둥 모양의 입체도형은 원기둥이다. (○) ⇨ 성

답 몬테성

29 다면체 166~167쪽

❶-1 답 ②, ⑤

② 원기둥은 원과 곡면으로 둘러싸여 있으므로 다면체가 아니다.
⑤ 구는 곡면으로 둘러싸여 있으므로 다면체가 아니다.
따라서 다면체가 아닌 것은 ②, ⑤이다.

❶-2 답 (1) × (2) ○ (3) ×

(1) 각기둥의 옆면의 모양은 직사각형이다. (×)
(2) 각뿔의 옆면의 모양은 삼각형이다. (○)
(3) 각뿔대의 옆면의 모양은 사다리꼴이다. (×)

❷-1 답 28

오각기둥의 꼭짓점의 개수는 $2 \times 5 = 10$(개)이므로
$a = 10$
육각뿔대의 모서리의 개수는 $3 \times 6 = 18$(개)이므로
$b = 18$
$\therefore a + b = 10 + 18 = 28$

❷-2 답 칠각뿔대

(나), (다)에서 구하는 입체도형은 각뿔대이다.
구하는 각뿔대를 n각뿔대라 하면 (가)에서 구면체이므로
$n + 2 = 9 \qquad \therefore n = 7$
따라서 구하는 입체도형은 칠각뿔대이다.

30 정다면체 172쪽

❶-1 답 정사면체

(가)에서 면의 모양이 정삼각형인 정다면체는 정사면체, 정팔면체, 정이십면체이다.
(나)에서 모서리의 개수가 6개이므로 구하는 정다면체는 정사면체이다.

❶-2 답 ③

③ 주어진 전개도로 만들어지는 정다면체는 정팔면체이므로 꼭짓점의 개수는 6개이다.
따라서 옳지 않은 것은 ③이다.

31 회전체 · 179쪽

1-1 답 ④

주어진 평면도형을 회전시킬 때 생기는 회전체는 다음과 같다.

①   ②   ③

④   ⑤

1-2 답 ②

② 원뿔 – 이등변삼각형

따라서 옳지 않은 것은 ②이다.

---

⑩ 입체도형의 부피와 겉넓이

준비 해 보자 · 181쪽

(1) (부피)$=2 \times 2 \times 2 = 8 (\text{cm}^3)$
　　(겉넓이)$=(2 \times 2) \times 6 = 24 (\text{cm}^2)$

(2) (부피)$=2 \times 3 \times 2 = 12 (\text{cm}^3)$
　　(겉넓이)$=(2 \times 3 + 2 \times 2 + 3 \times 2) \times 2$
　　　　　　　$= 16 \times 2 = 32 (\text{cm}^2)$

따라서 8, 12, 24, 32에 해당하는 영역을 모두 색칠하면 다음 그림과 같으므로 세계 물의 날은 22일이다.

16	20	18	9	14	20	28	16	9
14	8	24	8	25	32	24	24	18
20	28	9	32	28	16	25	32	20
18	32	8	12	9	12	12	24	6
9	24	16	18	6	24	6	25	28
25	8	6	14	20	32	18	9	14
28	32	8	12	25	12	24	12	16
14	16	20	9	14	18	6	20	28

답 22일

---

32 기둥의 부피 · 185쪽

1-1 답 (1) **126 cm³** (2) **360π cm³**

(1) (밑넓이)$=\dfrac{1}{2} \times (3+6) \times 4 = 18 (\text{cm}^2)$
　　(높이)$=7 \text{ cm}$
　　$\therefore$ (부피)$=18 \times 7 = 126 (\text{cm}^3)$

(2) 밑면의 반지름의 길이는 6 cm이므로
　　(밑넓이)$=\pi \times 6^2 = 36\pi (\text{cm}^2)$
　　(높이)$=10 \text{ cm}$
　　$\therefore$ (부피)$=36\pi \times 10 = 360\pi (\text{cm}^3)$

1-2 답 (1) **150π cm³** (2) **24π cm³** (3) **126π cm³**

(1) 큰 기둥의 밑면의 반지름의 길이는 $2+3=5(\text{cm})$이므로
　　(큰 기둥의 부피)$=\pi \times 5^2 \times 6 = 150\pi (\text{cm}^3)$

(2) (작은 기둥의 부피)$=\pi \times 2^2 \times 6 = 24\pi (\text{cm}^3)$

(3) (입체도형의 부피)
　　$=$(큰 기둥의 부피)$-$(작은 기둥의 부피)
　　$=150\pi - 24\pi$
　　$=126\pi (\text{cm}^3)$

---

33 기둥의 겉넓이 · 189쪽

1-1 답 (1) **136 cm²** (2) **140π cm²**

(1) (밑넓이)$=\dfrac{1}{2} \times (3+9) \times 4 = 24 (\text{cm}^2)$
　　(옆넓이)$=(3+5+9+5) \times 4 = 88 (\text{cm}^2)$
　　$\therefore$ (겉넓이)$=24 \times 2 + 88 = 136 (\text{cm}^2)$

(2) 밑면의 반지름의 길이는 5 cm이므로
　　(밑넓이)$=\pi \times 5^2 = 25\pi (\text{cm}^2)$
　　(옆넓이)$=2\pi \times 5 \times 9 = 90\pi (\text{cm}^2)$
　　$\therefore$ (겉넓이)$=25\pi \times 2 + 90\pi = 140\pi (\text{cm}^2)$

1-2 답 (1) **21 cm²** (2) **196 cm²** (3) **238 cm²**

(1) (밑넓이)
　　$=$(큰 사각기둥의 밑넓이)$-$(작은 사각기둥의 밑넓이)
　　$=5 \times 5 - 2 \times 2$
　　$=21 (\text{cm}^2)$

(2) (옆넓이)
　　$=$(큰 사각기둥의 옆넓이)$+$(작은 사각기둥의 옆넓이)
　　$=5 \times 4 \times 7 + 2 \times 4 \times 7$
　　$=196 (\text{cm}^2)$

(3) (겉넓이)$=21 \times 2 + 196 = 238 (\text{cm}^2)$

34 뿔의 부피 ·········· 193쪽

①-1 답 (1) **80 cm³** (2) **84π cm³**

(1) (밑넓이)$=\dfrac{1}{2}\times6\times8=24(\text{cm}^2)$

　(높이)$=10\,\text{cm}$

　$\therefore$ (부피)$=\dfrac{1}{3}\times24\times10=80(\text{cm}^3)$

(2) 밑면의 반지름의 길이는 $6\,\text{cm}$이므로

　(밑넓이)$=\pi\times6^2=36\pi(\text{cm}^2)$

　(높이)$=7\,\text{cm}$

　$\therefore$ (부피)$=\dfrac{1}{3}\times36\pi\times7=84\pi(\text{cm}^3)$

①-2 답 (1) **50 cm³** (2) **4 cm³** (3) **46 cm³**

(1) (큰 사각뿔의 부피)$=\dfrac{1}{3}\times(5\times5)\times6=50(\text{cm}^3)$

(2) (잘라 낸 작은 사각뿔의 부피)$=\dfrac{1}{3}\times(2\times2)\times3=4(\text{cm}^3)$

(3) (사각뿔대의 부피)$=50-4=46(\text{cm}^3)$

35 뿔의 겉넓이 ·········· 197쪽

①-1 답 (1) **256 cm²** (2) **90π cm²**

(1) (밑넓이)$=8\times8=64(\text{cm}^2)$

　(옆넓이)$=\left(\dfrac{1}{2}\times8\times12\right)\times4=192(\text{cm}^2)$

　$\therefore$ (겉넓이)$=64+192=256(\text{cm}^2)$

(2) (밑넓이)$=\pi\times5^2=25\pi(\text{cm}^2)$

　(옆넓이)$=\pi\times5\times13=65\pi(\text{cm}^2)$

　$\therefore$ (겉넓이)$=25\pi+65\pi=90\pi(\text{cm}^2)$

①-2 답 (1) **74 cm²** (2) **96 cm²** (3) **170 cm²**

(1) (두 밑넓이의 합)$=5\times5+7\times7=74(\text{cm}^2)$

(2) (옆넓이)$=\left\{\dfrac{1}{2}\times(5+7)\times4\right\}\times4=96(\text{cm}^2)$

(3) (겉넓이)$=$(두 밑넓이의 합)$+$(옆넓이)

　　　　$=74+96$

　　　　$=170(\text{cm}^2)$

36 구의 부피와 겉넓이 ·········· 201쪽

①-1 답 (1) $\dfrac{256}{3}\pi\,\text{cm}^3$, $64\pi\,\text{cm}^2$

　　　(2) $486\pi\,\text{cm}^3$, $243\pi\,\text{cm}^2$

(1) 구의 반지름의 길이는 $4\,\text{cm}$이므로

　(부피)$=\dfrac{4}{3}\pi\times4^3=\dfrac{256}{3}\pi(\text{cm}^3)$

　(겉넓이)$=4\pi\times4^2=64\pi(\text{cm}^2)$

(2) (부피)$=\left(\dfrac{4}{3}\pi\times9^3\right)\times\dfrac{1}{2}=486\pi(\text{cm}^3)$

　(겉넓이)$=(4\pi\times9^2)\times\dfrac{1}{2}+(\pi\times9^2)=243\pi(\text{cm}^2)$

①-2 답 **54π cm³**

(부피)$=$(반구의 부피)$+$(원기둥의 부피)

　　$=\left(\dfrac{4}{3}\pi\times3^3\right)\times\dfrac{1}{2}+\pi\times3^2\times4$

　　$=18\pi+36\pi$

　　$=54\pi(\text{cm}^3)$

문제를 **풀어 보자**　·········· 204~207쪽

1 ④	**2** 18	**3** ⑤	**4** ①
5 ⑤	**6** ③	**7** 20 cm²	**8** ②
9 108 cm³	**10** ②	**11** ②	**12** 4 cm
13 ①	**14** 240 cm²	**15** ①	**16** ②

1 ④ 오각기둥의 면의 개수는 $5+2=7$(개)이므로 칠면체이다.

2 사각뿔의 면의 개수는 $4+1=5$(개)이므로

　$a=5$

　모서리의 개수는 $2\times4=8$(개)이므로

　$b=8$

　꼭짓점의 개수는 $4+1=5$(개)이므로

　$c=5$

　$\therefore a+b+c=5+8+5=18$

3 옆면의 모양이 모두 직사각형이므로 각기둥이다.

　구하는 다면체를 n각기둥이라 하면 모서리의 개수가 21개이므로

　$3n=21$　　$\therefore n=7$

　따라서 구하는 다면체는 칠각기둥이다.

4 ② 정육면체 – 정사각형

③ 정팔면체 – 정삼각형

④ 정십이면체 – 정오각형

⑤ 정이십면체 – 정삼각형

따라서 옳은 것은 ①이다.

5 ② 정삼각형으로 이루어진 정다면체는 정사면체, 정팔면체, 정이십면체의 3가지이다.

⑤ (정십이면체의 모서리의 개수) $=30$ (개)

(정이십면체의 꼭짓점의 개수) $=12$ (개)

따라서 옳지 않은 것은 ⑤이다.

6 주어진 평면도형을 직선 l을 회전축으로 하여 1회전 시킬 때 생기는 회전체는 오른쪽 그림과 같다.

7 회전축을 포함하는 평면으로 자를 때 생기는 단면은 오른쪽 그림과 같으므로

(단면의 넓이) $=(2 \times 5) \times 2$

$=20(\mathrm{cm}^2)$

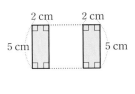

8 ㄴ. 직각삼각형의 빗변을 회전축으로 하여 1회전 시킬 때 생기는 회전체는 오른쪽 그림과 같다.

즉, 직각삼각형의 한 변을 회전축으로 하여 1회전 시켰을 때 항상 원뿔을 만들 수 있는 것은 아니다.

ㄷ. 회전체를 회전축에 수직인 평면으로 자를 때 생기는 단면은 항상 원이지만 모두 합동은 아니다.

이상에서 옳은 것은 ㄱ, ㄹ이다.

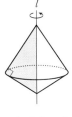

9 (부피) $=(밑넓이) \times (높이)$

$=\left\{ \dfrac{1}{2} \times (2+6) \times 3 \right\} \times 9$

$=12 \times 9$

$=108(\mathrm{cm}^3)$

10 (밑넓이) $=\pi \times 8^2 \times \dfrac{135}{360}$

$=24\pi(\mathrm{cm}^2)$

(옆넓이) $=\left(8 \times 2+2\pi \times 8 \times \dfrac{135}{360} \right) \times 5$

$=80+30\pi(\mathrm{cm}^2)$

$\therefore$ (겉넓이) $=(밑넓이) \times 2+(옆넓이)$

$=24\pi \times 2+(80+30\pi)$

$=80+78\pi(\mathrm{cm}^2)$

11 (부피) $=(큰\ 원기둥의\ 부피)-(작은\ 원기둥의\ 부피)$

$=(\pi \times 4^2) \times 11-(\pi \times 2^2) \times 11$

$=176\pi-44\pi$

$=132\pi(\mathrm{cm}^3)$

(밑넓이) $=\pi \times 4^2-\pi \times 2^2=12\pi(\mathrm{cm}^2)$

(옆넓이) $=(큰\ 원기둥의\ 옆넓이)+(작은\ 원기둥의\ 옆넓이)$

$=2\pi \times 4 \times 11+2\pi \times 2 \times 11$

$=88\pi+44\pi$

$=132\pi(\mathrm{cm}^2)$

$\therefore$ (겉넓이) $=(밑넓이) \times 2+(옆넓이)$

$=12\pi \times 2+132\pi$

$=156\pi(\mathrm{cm}^2)$

12 원뿔의 부피는 밑넓이와 높이가 각각 같은 원기둥의 부피의 $\dfrac{1}{3}$이므로 원뿔 모양의 그릇에 물을 가득 채워서 원기둥 모양의 그릇에 옮기면 물의 높이는 원기둥의 높이의 $\dfrac{1}{3}$이 된다.

$\therefore$ (물의 높이) $=12 \times \dfrac{1}{3}=4(\mathrm{cm})$

13 주어진 사다리꼴을 직선 l을 회전축으로 하여 1회전 시킬 때 생기는 회전체는 오른쪽 그림과 같은 원뿔대이므로

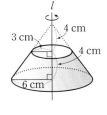

(부피) $=\dfrac{1}{3} \times (\pi \times 6^2) \times 8$

$-\dfrac{1}{3} \times (\pi \times 3^2) \times 4$

$=96\pi-12\pi$

$=84\pi(\mathrm{cm}^3)$

14 (겉넓이) $=(두\ 밑넓이의\ 합)+(옆넓이)$

$=6 \times 6+8 \times 8+\left\{ \dfrac{1}{2} \times (6+8) \times 5 \right\} \times 4$

$=36+64+140$

$=240(\mathrm{cm}^2)$

15 (겉넓이) $=(구의\ 겉넓이)+(원기둥의\ 옆넓이)$

$=4\pi \times 3^2+2\pi \times 3 \times 6$

$=36\pi+36\pi$

$=72\pi(\mathrm{cm}^2)$

16 구의 반지름의 길이를 r cm라 하면

$$\frac{4}{3}\pi r^3 = 36\pi \qquad \therefore r^3 = 27$$

$$\therefore (\text{원뿔의 부피}) = \frac{1}{3} \times (\pi \times r^2) \times 2r$$
$$= \frac{2}{3}\pi r^3$$
$$= \frac{2}{3}\pi \times 27$$
$$= 18\pi(\text{cm}^3)$$

$$(\text{원기둥의 부피}) = (\pi \times r^2) \times 2r$$
$$= 2\pi r^3$$
$$= 2\pi \times 27$$
$$= 54\pi(\text{cm}^3)$$

Ⅴ. 자료의 정리와 해석

⑪ 줄기와 잎 그림, 도수분포표

준비 해 보자
211쪽

$(\text{전체 학생 수}) = 12 + 8 + 14 + 16 = 50(\text{명})$
따라서 50명을 출발점으로 하여 길을 따라가면 다음 그림과 같으므로 이 꽃의 이름은 프리지아이다.

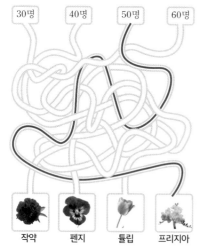

작약 펜지 튤립 프리지아

🖋 프리지아

37 줄기와 잎 그림
214~215쪽

1-1 🖋 풀이 참조 (1) 2, 2, 4, 6 (2) 5

딸기의 수 (2|3은 23개)

줄기	잎
2	3 5 6 8 9
3	0 3 5 6 6 7
4	2 2 4 6
5	1 3 5

(1) 줄기가 4인 잎은 2, 2, 4, 6이다.
(2) 줄기가 2인 잎: 3, 5, 6, 8, 9의 5개
줄기가 3인 잎: 0, 3, 5, 6, 6, 7의 6개
줄기가 4인 잎: 2, 2, 4, 6의 4개
줄기가 5인 잎: 1, 3, 5의 3개
따라서 잎이 가장 적은 줄기는 5이다.

2-1 🖋 (1) 25명 (2) 69점 (3) 7명

(1) 전체 학생 수는 잎의 총개수와 같으므로
$3 + 6 + 4 + 7 + 5 = 25(\text{명})$
(2) 점수가 높은 학생의 점수부터 차례대로 나열하면
76점, 74점, 74점, 74점, 72점, 69점, …
따라서 점수가 6번째로 높은 학생의 점수는 69점이다.
(3) 점수가 43점 이상 57점 미만인 학생은
43점, 46점, 46점, 48점, 53점, 53점, 54점
의 7명이다.

38 도수분포표
218~219쪽

1-1 🖋 ⑤

① $(\text{계급의 크기}) = 10 - 8 = 12 - 10 = \cdots = 18 - 16 = 2(\text{회})$
② 계급은 8회 이상 10회 미만, 10회 이상 12회 미만, 12회 이상 14회 미만, 14회 이상 16회 미만, 16회 이상 18회 미만의 5개이다.
③ 도서관을 이용한 횟수가
10회 미만인 학생 수: 4명
12회 미만인 학생 수: $4 + 9 = 13(\text{명})$
따라서 도서관을 5번째로 적게 이용한 학생이 속하는 계급은 10회 이상 12회 미만이다.
④ 도서관을 이용한 횟수가 17회인 학생인 속하는 계급은 16회 이상 18회 미만이므로 이 계급의 도수는 3명이다.

⑤ 도서관을 이용한 횟수가 14회 이상인 학생은 6+3=9(명)
이다.
따라서 옳지 않은 것은 ⑤이다.

②-1 답 **48 %**
도수의 총합이 25개이므로 열량이 400 kcal 이상 500 kcal 미
만인 식품의 수는
$25-(2+6+5+3)=9(개)$
따라서 열량이 400 kcal 이상인 식품은 9+3=12(개)이므로
$\dfrac{12}{25} \times 100 = 48(\%)$

39 히스토그램과 도수분포다각형 ·············· 223쪽

①-1 답 (1) **5 mm** (2) **25명** (3) **3명** (4) **125**
(1) (계급의 크기)=245-240=5(mm)
(2) 전체 학생 수는
   3+5+8+6+2+1=25(명)
(3) 발 크기가
   260 mm 이상 265 mm 미만인 학생 수: 2명
   265 mm 이상 270 mm 미만인 학생 수: 1명
   따라서 발 크기가 260 mm 이상인 학생 수는
   2+1=3(명)
(4) (직사각형의 넓이의 합)=(계급의 크기)×(도수의 총합)
                         =5×25
                         =125

①-2 답 (1) **4분** (2) **32명** (3) **8명** (4) **128**
(1) (계급의 크기)=8-4=4(분)
(2) 전체 학생 수는
   2+6+10+9+5=32(명)
(3) 등교 시간이
   4분 이상 8분 미만인 학생 수: 2명
   8분 이상 12분 미만인 학생 수: 6명
   따라서 등교 시간이 12분 미만인 학생 수는
   2+6=8(명)
(4) (도수분포다각형과 가로축으로 둘러싸인 부분의 넓이)
    =(계급의 크기)×(도수의 총합)
    =4×32
    =128

12 상대도수와 그 그래프

준비 해 보자 225쪽

❶ 7 ⇨ 무   ❷ 5 ⇨ 쇠
❸ 9 ⇨ 바   ❹ 8 ⇨ 늘

답 무쇠, 바늘

40 상대도수 ─────── 228쪽

①-1 답 (1) **$A=0.2$, $B=12$** (2) **65 %**
(1) $A=\dfrac{(계급의\ 도수)}{(도수의\ 총합)}=\dfrac{8}{40}=0.2$
   $B=$ (도수의 총합)×(계급의 상대도수)
   $=40 \times 0.3 = 12$
(2) 나이가 30세 이상 40세 미만, 40세 이상 50세 미만, 50세 이
   상 60세 미만인 계급의 상대도수의 합은
   0.2+0.3+0.15=0.65
   따라서 나이가 30세 이상인 관람객은 전체의
   0.65×100=65(%)

41 상대도수의 분포를 나타낸 그래프
─────── 233~234쪽

①-1 답 (1) **40회 이상 50회 미만** (2) **9명** (3) **46 %**
(2) 윗몸일으키기 횟수가 27회인 학생이 속하는 계급은 20회 이상
   30회 미만이므로 구하는 학생 수는
   50×0.18=9(명)
(3) 윗몸일으키기 횟수가 40회 이상 50회 미만, 50회 이상 60회
   미만인 계급의 상대도수의 합은
   0.34+0.12=0.46
   따라서 윗몸일으키기 횟수가 40회 이상인 학생은 전체의
   0.46×100=46(%)

②-1 답 (1) **50명** (2) **2학년**
(1) 2학년 학생 중 80분 이상 100분 미만인 계급의 도수가 16명
   이고, 이 계급의 상대도수가 0.32이므로
   (2학년 전체 학생 수)=$\dfrac{16}{0.32}=50$(명)
(2) 2학년의 그래프가 1학년의 그래프보다 오른쪽으로 치우쳐 있
   으므로 휴대 전화 통화 시간은 2학년이 1학년보다 더 긴 편
   이다.

문제를 풀어 보자 GoGo!

236~240쪽

1 ④	**2** 3	**3** 52 %	**4** ②
5 ③	**6** 240	**7** 20명	**8** 30 %
9 70점	**10** ①	**11** ②	**12** 6명
13 ②	**14** 15곳	**15** ②	**16** ②

1 ① 수명이 70세 이상인 왕은 2명이다.
② 잎이 가장 많은 줄기는 3이다.
③ 수명이 가장 짧은 왕은 17세까지 살았다.
⑤ 줄기가 3인 잎은 1, 1, 3, 4, 4, 7, 8, 9의 8개이다.
따라서 옳은 것은 ④이다.

2 방문 횟수가 10회 이상인 학생 수는
$40-(6+9)=25(명)$
이므로 $A=25\times\dfrac{2}{5}=10$
$\therefore B=40-(6+9+10+8)=7$
$\therefore A-B=10-7=3$

3 성적이 80점 이상 90점 미만인 응시자 수는
$100-(6+15+27+25+12)=15(명)$
따라서 성적이 70점 이상인 응시자 수는
$25+15+12=52(명)$이므로 전체의
$\dfrac{52}{100}\times100=52(\%)$

4 ① $A=40-(2+10+12+7+3)=6$
② 계급의 개수는 6개이다.
③ 무게가 250 g인 사과가 속하는 계급의 도수는 7개이다.
④ 도수가 가장 큰 계급은 220 g 이상 240 g 미만이다.
⑤ 무게가 220 g 미만인 사과의 개수는
$2+6+10=18(개)$이므로 전체의
$\dfrac{18}{40}\times100=45(\%)$
따라서 옳은 것은 ②이다.

5 ① 계급의 개수는 직사각형의 개수와 같으므로 5개이다.
② 계급의 크기는 $5-3=2(개)$
③ 전체 학생 수는 $5+9+8+10+7=39(명)$
④ 도수가 가장 큰 계급은 9개 이상 11개 미만이므로 그 계급의 도수는 10명이다.

⑤ 관찰 일지의 개수가 5개 미만인 학생 수는 5명, 7개 미만인 학생 수는 $5+9=14(명)$이므로 관찰 일지를 7번째로 적게 작성한 학생이 속하는 계급은 5개 이상 7개 미만이다.
따라서 옳지 않은 것은 ③이다.

6 계급의 크기는 $60-30=30(분)$
도수가 가장 작은 계급의 도수는 1명이므로 도수가 가장 작은 계급의 직사각형의 넓이는
$30\times1=30$
도수가 가장 큰 계급의 도수는 7명이므로 도수가 가장 큰 계급의 직사각형의 넓이는
$30\times7=210$
따라서 도수가 가장 작은 계급과 도수가 가장 큰 계급의 직사각형의 넓이의 합은
$30+210=240$

7 몸무게가 46 kg 이상인 학생 수는
$50\times\dfrac{32}{100}=16(명)$
몸무게가 38 kg 이상 46 kg 미만인 학생 수는
$50-(6+8+16)=20(명)$

8 전체 학생 수는
$4+8+14+9+5=40(명)$
식사 시간이 15분 이하인 학생은 $4+8=12(명)$이므로
전체의 $\dfrac{12}{40}\times100=30(\%)$이다.

9 전체 학생 수는
$2+6+15+13+4=40(명)$
전체 학생의 20 %인 학생 수는
$40\times\dfrac{20}{100}=8(명)$
이때 성적이 60점 미만인 학생 수는 2명, 70점 미만인 학생 수는 $2+6=8(명)$이므로 보충 수업을 받지 않으려면 적어도 70점 이상이어야 한다.

10 4시간 이상 5시간 미만인 계급의 도수는
$40-(8+8+7+5)=12(명)$
따라서 도수가 가장 큰 계급은 4시간 이상 5시간 미만이므로
$(상대도수)=\dfrac{12}{40}=0.3$

정답 및 풀이

11 전체 학생 수는 $\dfrac{8}{0.1}=80$(명)이므로

$E=80$

$A=\dfrac{12}{80}=0.15$, $B=80\times0.2=16$,

$C=\dfrac{20}{80}=0.25$, $D=80\times0.3=24$

12 1만 원 이상 2만 원 미만인 계급의 도수가 4명이고 상대도
수가 0.1이므로

(전체 학생 수)$=\dfrac{4}{0.1}=40$(명)

용돈이 3만 원 이상인 학생이 전체의 75 %, 즉 상대도수가
0.75이므로 2만 원 이상 3만 원 미만인 계급의 상대도수는

$1-(0.1+0.75)=0.15$

따라서 용돈이 2만 원 이상 3만 원 미만인 학생 수는

$40\times0.15=6$(명)

13 60점 이상 80점 미만인 두 계급의 상대도수의 합은

$0.26+0.3=0.56$

따라서 전체의 $0.56\times100=56$(%)이다.

14 30명 미만인 두 계급의 상대도수의 합은

$0.22+0.04=0.26$이므로 전체 지역의 수는

$\dfrac{13}{0.26}=50$(곳)

이때 40명 이상인 두 계급의 상대도수의 합은

$0.18+0.12=0.3$

따라서 여행자 수가 40명 이상인 지역의 수는

$50\times0.3=15$(곳)

15 1학년 1반과 1학년 전체 학생들의 후보별 지지도에 대한 상
대도수를 구하면 다음과 같다.

후보	상대도수	
	1학년 1반	1학년 전체
A	0.15	0.2
B	0.25	0.25
C	0.275	0.29
D	0.325	0.26
합계	1	1

따라서 1학년 1반과 1학년 전체 학생들의 후보별 지지도에
대한 상대도수가 같은 후보는 B이다.

16 ㄱ. 남학생의 키를 나타내는 그래프가 여학생의 키를 나타
내는 그래프보다 전체적으로 오른쪽으로 치우쳐 있으므
로 남학생이 여학생보다 상대적으로 키가 더 큰 편이다.

ㄴ. 남학생 중 150 cm 미만인 두 계급의 상대도수의 합은
$0.05+0.1=0.15$이므로 전체의
$0.15\times100=15$(%)이다.

ㄷ. 계급의 크기가 같고 상대도수의 총합도 1로 같으므로 각
각의 그래프와 가로축으로 둘러싸인 부분의 넓이는 서
로 같다.

이상에서 옳은 것은 ㄴ이다.

MEMO

MEMO

MEMO

www.mirae-n.com

학습하다가 이해되지 않는 부분이나 정오표 등의 궁금한 사항이 있나요?
미래엔 홈페이지에서 해결해 드립니다.

교재 내용 문의
나의 교재 문의 | 수학 과외쌤 | 자주하는 질문 | 기타 문의

교재 정답 및 정오표
정답과 해설 | 정오표

교재 학습 자료
개념 강의 | 문제 자료 | MP3 | 실험 영상

Contact Mirae-N
www.mirae-n.com
(우)06532 서울시 서초구 신반포로 321
1800-8890

수학 EASY 개념서

개념이 수학의 전부다! 술술 읽으며 개념 잡는 EASY 개념서

수학   0_초등 핵심 개념,
       1_1(상), 2_1(하),
       3_2(상), 4_2(하),
       5_3(상), 6_3(하)

수학 필수 유형서

 유형완성

체계적인 유형별 학습으로 실전에서 더욱 강력하게!

수학   1(상), 1(하), 2(상), 2(하), 3(상), 3(하)

미래엔 교과서 연계 도서

자습서

 자습서

핵심 정리와 적중 문제로 완벽한 자율학습!

국어   1-1, 1-2, 2-1, 2-2, 3-1, 3-2   도덕   ①, ②
영어   1, 2, 3   과학   1, 2, 3
수학   1, 2, 3   기술·가정   ①, ②
사회   ①, ②   제2외국어   생활 일본어, 생활 중국어, 한문
역사   ①, ②

평가 문제집

 평가 문제집

정확한 학습 포인트와 족집게 예상 문제로 완벽한 시험 대비!

국어   1-1, 1-2, 2-1, 2-2, 3-1, 3-2
영어   1-1, 1-2, 2-1, 2-2, 3-1, 3-2
사회   ①, ②
역사   ①, ②
도덕   ①, ②
과학   1, 2, 3

내신 대비 문제집

 시험직보 문제집

내신 만점을 위한 시험 직전에 보는 문제집

국어   1-1, 1-2, 2-1, 2-2, 3-1, 3-2
영어   1-1, 1-2, 2-1, 2-2, 3-1, 3-2

* 미래엔 교과서 관련 도서입니다.

예비 고1을 위한 고등 도서

룩

이미지 연상으로 필수 개념을 쉽게 익히는 비주얼 개념서

국어   문학, 독서, 문법
영어   비교문법, 분석독해
수학   고등 수학(상), 고등 수학(하)
사회   통합사회, 한국사
과학   통합과학

 올리드

탄탄한 개념 설명, 자신있는 실전 문제

수학   고등 수학(상), 고등 수학(하), 수학Ⅰ, 수학Ⅱ, 확률과 통계, 미적분
사회   통합사회, 한국사
과학   통합과학

수학중심

개념과 유형을 한 번에 잡는 개념 기본서

수학   고등 수학(상), 고등 수학(하), 수학Ⅰ, 수학Ⅱ, 확률과 통계, 미적분, 기하

유형중심

체계적인 유형별 학습으로 실전에서 더욱 강력한 문제 기본서

수학   고등 수학(상), 고등 수학(하), 수학Ⅰ, 수학Ⅱ, 확률과 통계, 미적분

BITE

GRAMMAR   문법의 기본 개념과 문장 구성 원리를 학습하는 고등 문법 기본서

핵심문법편, 필수구문편

READING   정확하고 빠른 문장 해석 능력과 읽는 즐거움을 키워 주는 고등 독해 기본서

도약편, 발전편

word   동사로 어휘 실력을 다지고 적중 빈출 어휘로 수능을 저격하는 고등 어휘력 향상 프로젝트

핵심동사 830, 수능적중 2000

손쉬운

작품 이해에서 문제 해결까지 손쉬운 비법을 담은 문학 입문서

현대 문학, 고전 문학